巨厚砾岩下回采巷道塑性区演化规律与冲击破坏机理研究

镐 振◎著

郑州大学出版社

图书在版编目(CIP)数据

巨厚砾岩下回采巷道塑性区演化规律与冲击破坏机理
研究/镐振著. — 郑州:郑州大学出版社,2023.8(2024.6重印)
ISBN 978-7-5645-9636-1

Ⅰ.①巨… Ⅱ.①镐… Ⅲ.①煤矿开采-回采
巷道-巷道围岩-岩石破坏机理-研究 Ⅳ.①TD822

中国国家版本馆 CIP 数据核字(2023)第 052025 号

巨厚砾岩下回采巷道塑性区演化规律与冲击破坏机理研究

JUHOU LIYAN XIA HUICAI XIANGDAO SUXING QU YANHUA GUILÜ YU CHONGJI POHUAI JILI YANJIU

策划编辑	袁翠红		封面设计	王 微
责任编辑	王红燕		版式设计	苏永生
责任校对	崔 勇		责任监制	李瑞卿

出版发行	郑州大学出版社		地 址	郑州市大学路 40 号(450052)
出 版 人	孙保营		网 址	http://www.zzup.cn
经 销	全国新华书店		发行电话	0371-66966070
印 刷	廊坊市印艺阁数字科技有限公司			
开 本	710 mm×1 010 mm 1/16			
印 张	9.25		字 数	158 千字
版 次	2023 年 8 月第 1 版		印 次	2024 年 6 月第 2 次印刷

书 号	ISBN 978-7-5645-9636-1		定 价	58.00 元

本书如有印装质量问题,请与本社联系调换。

前　言

　　随着我国煤矿开采深度和强度的逐年增大,作为一种突变型灾害——冲击动力灾害发生的频次和烈度都急剧增加,并且85%的冲击动力灾害发生在巷道中,由冲击动力造成的巷道冲击破坏机理及其防控已成为矿井实现安全高效开采一个亟待解决的重大难题。尽管许多学者对巷道冲击破坏机理及其防控技术开展了大量的研究,但至今依然没有对其发生机理形成统一的认识,使得巷道冲击破坏的预测预报和防控技术进展缓慢。

　　本书以位于河南义马煤田中部的千秋矿为工程背景,采用现场调研、实验室试验、数值模拟等方法,分析了不同受载状态下煤体冲击破坏能量特征,并以巷道围岩塑性区形态特征为主线,研究了采动应力场特征、回采巷道塑性区演化规律以及不同应力条件对塑性区形态特征的影响,揭示了义马煤田回采巷道冲击破坏机理,归纳了巷道冲击破坏关键影响因素,形成了如下主要结论和创新性成果:

　　(1)获取了巨厚砾岩下巷道冲击破坏特征及发生规律。

　　(2)得到了巨厚砾岩下采动应力场特征以及回采巷道塑性区演化规律。

　　(3)发现了巷道围岩蝶形塑性区瞬时扩展特性。

　　(4)揭示了巨厚砾岩下回采巷道冲击破坏机理。

　　(5)归纳了巨厚砾岩下回采巷道冲击破坏的关键影响因素。

著者

2023 年 1 月

目 录

1

绪　论

近年来,义马煤田中部矿井发生了百余次巷道冲击破坏事件,造成了重大经济损失和人员伤亡,并且位于义马煤田中部的千秋矿回采巷道发生的冲击破坏事件次数所占比例最大,巷道冲击破坏机理已经成为义马煤田中部矿井实现安全高效开采亟待解决的难题。本章对近年来国内外关于煤岩体冲击破坏、巷道冲击破坏及围岩塑性区理论等研究成果和发展现状进行简要论述,并以此为基础,以千秋矿回采巷道为工程背景,确定了本书的主要研究内容、研究方法和技术路线。

1.1　问题的提出

随着我国煤矿开采深度和强度的逐年增大,作为一种严重威胁巷道围岩稳定性且与开采扰动作用密切相关的突变型灾害——冲击动力灾害发生的频次和灾害烈度都急剧增加。据统计,截至 2016 年底,我国发生过冲击动力灾害的矿井数量已达到 167 对[1],并且大约 85% 的冲击动力灾害发生在巷道中,由冲击动力造成的巷道冲击破坏机理及其防控已成为亟待解决的重大难题[2]。

煤炭是我国最重要的能源,其资源量远远高于石油和天然气,约占我国化石能源资源基础储量的 94%[3]。同时,我国是全球煤炭生产和消费大国,自新中国成立以来,在经济和社会发展过程中消耗了超过 800 亿吨煤炭[4],据《BP 世界能源统计年鉴(2018 年)》,2016 年我国原煤产量为 34.1 亿吨,占全世界煤炭总产量的 51%,煤炭消费量占我国能源消费总量的 62%[5]。根据国家统计局发布的数据,2017 年原煤产量实现四年来首次增长,达到 35.2 亿吨。据预测,到 2030 年煤炭仍占一次能源消费总量的 50% 左右[6]。

国家《能源中长期发展规划纲要(2004—2020 年)》中明确提出"坚持以煤炭为主体、电力为中心、油气和新能源全面发展的能源战略"目标,因此,在今后相当长的时间里煤炭在我国的能源消费中仍将处于主体地位。

截至 2010 年,我国国有重点煤矿的平均开采深度达到 700 m,如图 1.1 所示。开采深度的快速增加会造成巷道围岩体内的垂直应力增大,并导致煤岩冲击危险性增大[7]。而深部煤炭资源是我国 21 世纪主体能源的战略保障,我国已经探明埋藏深度在 1000 m 以下的煤炭储量达到 2.95 万亿吨,占煤炭资源总量的 53% 左右,这些煤炭的开采大部分面临冲击动力灾害的威胁[7]。国务院制定的《国家中长期科学和技术发展规划纲要(2006—2020 年)》中确定"矿井瓦斯、突水、动力性灾害预警与防控技术"为优先研究课题。

义马煤田位于河南省西部义马市、渑池县境内,煤层直接顶一般为厚度 20 余米的泥岩,之上为厚度达几十至数百米的砂砾岩互层和巨厚砾岩。经过数十年的开采,各矿井采掘活动有的在深部煤层合并区,有的因为资源枯竭而回收煤柱,目前最大采深已达 1060 m。自 2006 年以来,义马煤田中部五对矿井(千秋矿、跃进矿、常村矿、耿村矿、杨村矿)已经发生 100 多起巷道冲击破坏事件,累计造成万余米巷道受到不同程度的破坏、人员伤亡数十人、直接经济损失近亿元。而这些巷道冲击破坏事件中,发生在千秋矿 21141 工作面运输巷的事件次数所占比例最高。

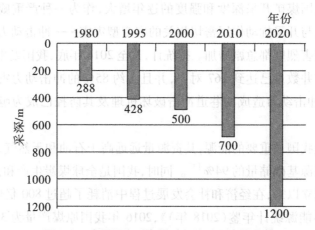

图 1.1 我国国有重点煤矿平均采深变化趋势

尽管各矿井均采取了多种防冲措施,并安装了多种监测预警设备,但巷道冲击破坏事件仍时有发生。许多学者对巷道冲击破坏机理及其防控技术开展了大量的研究,但至今依然没有对其发生机理形成统一的认识,使得巷道冲击破坏的预测预防和控制技术进展缓慢。

因此,本书主要以义马煤田千秋矿为工程背景,在研究煤体冲击破坏能量特征的基础上,以巷道围岩塑性区为主线,系统研究应力场分布特征及回采巷道围岩塑性区演化规律,揭示义马煤田回采巷道围岩塑性区瞬时扩展特征与冲击破坏机理,归纳影响巷道冲击破坏的关键因素。研究成果可为巷道冲击破坏理论及防控技术提供新思路,对于减少矿井人员伤亡和财产损失、降低煤矿从业人员精神和心理压力具有重要的意义。

1.2　国内外研究现状

1.2.1　煤岩体冲击破坏研究现状

煤矿巷道围岩体内积聚大量弹性能,并发生急剧释放时,产生的冲击波作用在巷道围岩体上,会造成巷道围岩的拉剪变形和破坏、人员伤亡以及设备的损坏,具有突发性、严重破坏性和诱因复杂性等特点,导致这一冲击动力灾害成为现阶段煤矿主要灾害之一[8-10]。随着矿井开采强度的不断加大,全国大部分生产矿井都已经进入深部开采阶段,导致矿井冲击危险性显著增加,其冲击破坏强度也显著增强,深部开采阶段冲击破坏发生机理将更难预测。

目前,学术界关于矿井冲击破坏尚未形成统一理论以解释其发生机理,经过数十年的理论研究及事故原因的调查分析,形成了一系列经典理论[9,11-13],并以这些理论成果为依据制定相应的技术措施,为巷道冲击破坏的有效防控提供指导。

近年来,在前人研究成果的基础上,学者们以理论分析为基础,结合以数值模拟以及现场测试等手段,对煤岩体冲击破坏进行了大量的分析和研究,同时也积累了许多工程应用实践经验。

潘一山、吕祥锋等[8]在实验室中采用爆炸冲击作为动力载荷,采用相似模拟试验方法分析了动压载荷影响下巷道围岩动态变化过程,研究发现受到冲击波影响后巷道顶板变形显著,并产生拉剪破坏,在爆炸产生的动载荷循环作用下,顶板岩层出现破碎、垮塌现象。

冯俊军[14]根据断裂力学与震源理论,建立了工作面顶板断裂模型,结合数值模拟软件,分析了顶板断裂应力波速度场以及煤体破裂震源速度场,确定了断裂尺度和煤体介质强度是影响两类震源模型的关键因素。研究发现,顶板厚度、煤体的破裂尺度以及二者的强度与应力波强度呈正比例关系,并进一步探索了冲击地压应力波致灾机制。

吕祥锋、潘一山等[15-17]采用爆炸施加动载以及数字采集方法,对比分析了无支护状态和刚柔吸能支护两种情形下巷道围岩的变形破坏特征。结果表明,无支护状态下顶板和两帮破坏较为严重,大面积出现裂隙甚至贯通裂缝等,而采用刚柔吸能支护时,巷道顶板和两帮发生一定的变形,局部出现裂隙,巷道完整性较好,为巷道冲击破坏防控提供了一种新技术。

窦林名、田京城等[18]基于MTS815伺服加载系统和Disp-24声电测试系统,研究了煤岩体破裂过程中释放的电磁辐射和声发射信号变化规律,发现声发射与电磁辐射信号在出现峰值位置的时间方面存在明显的区别,电磁辐射信号峰值出现在煤岩破坏的峰后区,声发射信号峰值出现在煤岩峰值强度处,表现出此消彼长的变化规律,据此提出了一种评价和预测冲击危险性的方法。

潘一山[19]提出了冲击地压的能量准则与动载荷扰动响应准则,通过建立力学分析模型,得到了煤柱以及采煤工作面引发冲击破坏的临界条件,提出将煤岩体的弹性模量 E 和降模量 λ 的比值作为判断冲击倾向性的一个标准,进一步研究了冲击作用下煤岩体的破坏特征。

金佩剑[20]研究了瓦斯诱发煤层冲击破坏的机理,建立了煤岩体三轴加载试验系统,实现了对瓦斯、应力等参数的综合同步监测,分析了冲击发生时煤岩体中瓦斯的涌出特征,以及冲击破坏发生时瓦斯、动压载荷、声发射等前兆信息特征,建立了煤层冲击破坏的多参量前兆信息预警机制,并进行了现场工业试验。

Van der Merwe J. N.、王宏伟等[21-22]采用数值模拟和理论分析的手段对孤岛工作面巷道围岩的冲击破坏特征进行了研究,建立了力学模型并分析了孤岛工作面内煤体的三向应力状态,推导出了煤岩体冲击破坏的判据准则,发现了孤岛工作面顶板来压时冲击能量释放的时间效应,并将底板和煤体内部能量的释放规律作为预测冲击发生的前兆预警信息。

曹建军等[23]针对孤岛工作面"T"形顶板结构特征,采用 FLAC3D 软件模拟分析了孤岛工作面在动载荷作用下顶板岩层的破断规律以及应力分布特征,研究了在孤岛工作面顶板破断诱发的冲击载荷作用下,巷道围岩及煤体内应力、加速度和位移的变化特性,得出工作面顶板岩层塑性区呈"弧形"对称分布特性以及巷道两帮的变形量小于顶底板变形量,为孤岛工作面回采过程中巷道冲击破坏的防控提供了理论支持。

王四巍等[24]以静载荷模拟巷道围岩原岩应力场,以爆炸冲击载荷模拟巷道冲击动力,利用大型模拟实验装置研究了巷道围岩在动静载荷共同作用下的变形破坏规律,得出了巷道冲击破坏是巷道围岩静力场和动力场共同作用的结果,冲击载荷的叠加是导致巷道围岩冲击破坏的主要原因,巷道围岩的冲击破坏严重程度与冲击载荷、原岩应力水平存在显著的相关性。

窦林名、何江等[25]深入研究了动静载荷叠加引发冲击的能量和应力判据条件,研究了动静载荷的作用特点,阐述了动静载荷引发冲击的机理,研究了巷道围岩的力学特征与应变率之间的关系,依据巷道围岩应变率的大小界定了矿井动静载荷的作用状态,探讨了冲击地压监测预警与防治的新思路。

徐学锋[11]为了得出影响煤层巷道底板发生冲击的因素,利用实验室相似模拟试验、理论分析以及现场测试等手段,研究了动载荷作用下底板应力分布特征、冲击形成机理以及动载荷作用下冲击显现规律,建立了巷道底板力学模型以及诱发底板冲击破坏的判据准则,提出了巷道底板爆破卸压解除冲击危险性的方法以及采用封闭柔性支护结构的支护体系。

高明仕、曹安业等[26-28]对矿震等扰动载荷作用诱发冲击效应的作用机理及防治技术进行了研究,通过建立震源扰动诱发冲击力学模型,得出了顶板承载结构在动静载荷作用下的应力和能量准则,提出了创造弱结构面吸收积聚能量的防冲理念,并分析了弱结构消波吸能防治冲击地压的作用机制。

牟宗龙等[29]根据实验室煤岩冲击破坏试验得到的应力应变特性曲线,分析了煤岩破坏过程中的能量变化规律,提出了冲击破坏过程中"充能原理"的概念,通过物理试验和数值计算,发现顶板结构断裂时释放的一系列冲击载荷增大了冲击危险性,提出了两种类型的顶板岩层发生冲击地压的机制,即"稳态诱冲机理"和"动态诱冲机理"。

朱广安[30]研究了深井开采扰动环境中巷道围岩冲击破坏特征,指出掘进工作面是主要的冲击破坏发生区域之一,并将掘进巷道划分为三个不同的变化阶段,即失稳阶段、局部加载失稳阶段以及整体失稳阶段,通过煤体试样真三轴加卸载试验得出了三轴加载条件下煤样发生冲击破坏的临界载荷,揭示了深井高应力诱发煤岩体冲击破坏的作用机理;提出了深井高应力孤岛采煤工作面整体冲击破坏失稳机制,建立数值模拟软化模型进一步揭示了深井高应力冲击破坏的前兆信息,总结出深井高地应力条件下孤岛采煤工作面发生冲击破坏的预警评估机制。

李成武等[31-33]采用SHPB试验装置和ZDKT-1型瞬变磁振系统分析了煤岩体冲击破坏过程中的力学特性和电磁变化规律,确定了煤岩体在发生冲击破坏时的不同频率下的电磁信号响应特征,总结出电磁信号的能量值与冲击地压能量耗散之间的关系特征,并可用来预测冲击载荷作用下煤岩体内部的损伤情况。

谢龙、窦林名等[34]对复杂构造应力场作用下诱发巷道底板的冲击破坏问题进行了研究,借助弹性理论建立了底板失稳模型,分析了水平构造应力诱发底板冲击破坏的机制,并推导了回采巷道底板产生失稳破坏的极限水平构造应力表达式,进一步修正了底板冲击危险性系数。

王登科等[35]在研究了苇町矿煤样的冲击破坏特征的基础上,采用实验室试验分析了冲击载荷作用下煤样的力学特性,证明了煤样的应变率与弹性模量和抗压强度呈现出一定的正相关性,并建立了煤样不同损伤本构模型,对比分析了模型的适用性以及合理性。

王正义等[36]基于简化的冲击应力波分析了深井圆形巷道围岩表面切向与径向的应力、位移等变化特征,确定了圆形巷道迎波侧和侧向位置需要进行加强支护,研究了锚杆在冲击作用下的力学机制,研究结果表明在强冲击载荷作用下锚杆始终承受拉应力,易造成锚杆出现拉伸破坏。

刘少虹、尤小明等[37-38]采用试验分析手段研究了巷道煤岩体在动静载荷叠加作用下的变形破坏特征,研究结果表明,在动压扰动载荷作用下,会造成煤岩体的裂纹扩张,静载荷会造成裂隙数量及其尖端储蓄能量的增大,并得出了巷道煤岩体发生冲击破坏的临界冲击载荷,并将冲击能量指数作为评价煤岩冲击破坏失稳的主要指标。

陈建功等[39]依据弹性力学理论,采用Laplace变换计算方法推导了深部硐室围岩在开挖瞬间的径向冲击应力及破裂区应力降的数学表达方程,依据能量守恒原理得出了硐室围岩破裂区冲击破坏的本构方程及其判据准则,进而求出硐室破裂区范围的半径计算方程。

高明仕等[2]对深部巷道复合顶板冲击失稳机制进行了理论研究,发现在高静载和强动压的叠加影响作用下,巷道顶板岩层横纵裂隙展布发育并协同扩张直至汇合贯通,最终形成"门式"震裂块体而急速崩落并瞬间推入巷道空间,导致巷道发生强烈的冲击破坏。

解北京[40]研究了在不同冲击载荷作用下的煤样力学特性以及磁场波动特性,确定了磁场信号的主要频段,建立了煤样冲击破坏的本构模型,提出了一种煤样抵抗冲击破坏性能的分析方法,分析了冲击破坏进程中能量的变化规律。

陈腾飞等[41]根据岩石在冲击载荷压缩作用下的能量变化特征,表明岩石压缩的本质是岩石本身吸收的能量与释放的能量及结构破坏吸收能量之间的相互转化过程,当前者大于后两者之和且转换关系出现失衡时,将诱发岩石压缩冲击现象,据此重新解释了岩石压缩的本质。

穆朝民等[42]基于静力学、冲击动力学理论,研究发现与传统煤岩体在静力学作用下的损伤不同,在冲击载荷作用下,煤岩体会出现大量间隔分布的竖状劈裂裂纹,冲击荷载越大这种间隔分布越明显,煤岩体的这种破裂特征与巷道在动荷载下出现的层状破裂比较一致;由于应力波以先期形成的损伤破裂面为反射面拉剪-压剪交替能量累积形成新的损伤破裂面,导致冲击荷载越大,交替分布的裂纹在煤岩内部传播得越远。

1.2.2 巨厚砾岩层下巷道冲击破坏研究现状

我国多个矿区存在巨厚砾岩层,如义马巨厚砾岩、华丰巨厚砾岩、济宁巨厚岩浆岩等,并且在巷道掘进和工作面回采过程中曾经多次发生巷道冲击破坏等动力灾害,故该地质条件下的矿井安全开采问题受到了学者的广泛关注。

姜福兴等[43]通过理论研究和现场勘查对巨厚砾岩及逆冲断层控制下的特厚煤层工作面冲击灾害发生机理进行了研究,发现巷道发生冲击破坏的主要原因是在巨厚砾岩传递应力、自重应力和逆冲断层及相变带构造应力的叠加影响下,煤体发生瞬间大范围的塑性滑移。

庞龙龙等[44]以巨厚砾岩下回采巷道为研究对象,采用数值模拟手段对未开采上保护层时和开采上保护层后,在同等强度的扰动应力的影响下巷道底板的应力、位移、速度以及塑性区的变化规律进行了研究,发现开采上保护层可以有效降低巷道发生冲击的可能性。

魏全德[45]研究了巨厚砾岩特厚煤层条件下巷道冲击破坏发生机理,认为外部冲击力源和采掘扰动应力的作用是巷道冲击破坏的诱发因素。

张科学等[46-47]采用多种研究手段,通过对巨厚砾岩下具有断层构造特征工作面回采巷道冲击破坏特征的研究,认为巷道冲击破坏的根本原因是巷道围岩在受到采动影响或构造应力作用后,在产生的高应力作用下发生突然失稳、变形和破坏。焦振华[48]通过对发生在临近义马煤田 F16 断层及工作面小断层的巷道冲击破坏事件的统计分析,提出煤岩体受高静载荷和强动载荷的相互叠加影响后,在一定扰动事件的作用下诱发巷道冲击破坏。

吕进国、曾宪涛[49-50]通过对巨厚坚硬顶板条件下逆断层构造诱发冲击的研究,发现工作面开采后巨厚坚硬顶板很难充分垮落,造成顶板大面积悬空,并导致应力集中、能量积聚,为巷道围岩冲击失稳提供了条件;此外,在采动影响下产生的断层滑移以及顶板运移产生的应力集中、能量大量积聚等动载的作用,容易诱发冲击失稳。

徐学锋等[51]研究发现两个或多个工作面开采后,顶板巨厚砾岩不能充分垮落,并在采空区周边煤层中形成"O"型支承压力圈,导致受其影响区域的冲击危险性明显增大。

冀贞文等[52]以华丰煤矿 2410 工作面和 2409 工作面遗留煤柱为研究对象,分析了受其影响的 2410 工作面的冲击危险性。认为深部巨厚砾岩层下高应力煤柱发生冲击破坏的主要影响因素有原岩应力、采动应力和采掘布置,并给出了有针对性的防冲措施。

张寅[53]通过对深部巨厚砾岩下厚煤层巷道在静载和冲击载荷作用下的响应规律的深入研究,发现受到工作面开采影响后,积聚了大量的弹性能的深部全煤巷道围岩遭到破坏,在产生的应力波的扰动作用下,由于能量失稳造成巷道围岩的应力状态、能量状态和塑性区发生明显改变,从而导致深部全煤巷道发生冲击失稳。

张明等[54]在对山东某深井巨厚砾岩下煤柱失稳诱发冲击工程案例进行调研分析的基础上,采用多种研究方法,分析了巨厚岩层-煤柱协同变形机制及煤柱稳定性,发现巨厚岩层-煤柱失稳诱发冲击与煤柱的尺寸、位置以及上覆岩层的运动或变形密切相关,并且上覆岩层运动或变形是诱发煤柱失稳的动力因素,现场遗留宽度为 50 m 的煤柱具有强冲击危险性。

郭惟嘉等[55-56]在对新汶矿业集团华丰煤矿岩层及地表移动规律进行观测的基础上,采用室内试验和数值计算分析等手段,研究了地表非连续移动与矿井冲击灾害之间的相关性,得出在工作面开采过程中,裂隙带上部弯曲带岩体呈现明显的离层特征,离层量增加到一定程度时,巨厚覆岩层会发生破断,导致巷道冲击破坏及地表斑裂的非连续性。

在煤系地层中,作为一类较为特殊的原岩赋存条件,厚层坚硬地层的主要特征表现为地层厚度大且较为坚硬。在工程背景下,尽管具有对厚层坚硬地层进行定量描述的基础,但是难以确定统一的标准。从国内外已有的研究成果来看,学者们在厚且坚硬煤系地层的描述方面多数以定性描述为主。因此,本书中涉及的巨厚砾岩也为定性的、相对的描述,而非精确的定量描述。前人对厚层坚硬地层条件下巷道冲击破坏的研究,取得的主要成果有:

史红[57-59]以弹性理论为基础,采用考虑体积力的两端嵌固梁模型分析了厚层坚硬岩层的应力分布规律,并研究了河南义马常村矿巨厚砾岩孤岛工作面的顶板稳定性、工作面"异常压力"的产生机理。

王淑坤等[60]对悬臂梁顶板及刚度弯曲能进行了研究,发现厚层坚硬顶板的刚度较小,悬顶后在煤壁附近产生的应力集中是巷道冲击破坏的主要力源。

He Jiang、Dou Linming 等[61]采用数值模拟方法研究了顶板振动对巷道围岩及其对稳定性的影响。研究发现,厚硬顶板会导致采场围岩产生应力集中,并且厚硬顶板的断裂会对围岩体产生动载效应。高应力集中与动载的共同作用下,将诱发巷道冲击破坏。

刘德乾[62]基于菏泽煤田赵楼矿地质条件,根据首采工作面在不同顶板条件的工程地质和力学模型,对工作面回采过程中顶板及煤柱的应力和变形特征进行了研究,认为构造附近形成的应力集中容易引发巷道冲击破坏。

李新元等[63]将初次来压时的坚硬顶板简化为变系数平面应变弹性基础梁,研究了顶板破断前后的位移和能量变化规律,得出到工作面的距离越小,坚硬顶板积聚和释放的能量越大,并且坚硬顶板断裂后,工作面前方煤体中发生压缩、反弹的区域是诱发巷道冲击破坏的震源区域。

庞绪峰[64]基于四边简支薄板模型对孤岛工作面冲击失稳机理进行了分析,研究发现坚硬顶板的强度主要取决于抗拉强度,超过拉应力的极限将导致顶板断裂失稳,并且悬顶距离直接影响着顶板弯曲应变能的积聚,悬顶距离越大就越容易造成顶板能量积聚。

杜学领[65]采用多种手段对厚层坚硬煤系地层条件下的巷道冲击破坏机理进行了研究,认为煤层开采后,在煤体中会形成塑性破坏区,当围岩垂直载荷增大到一定程度时,煤体中的塑性区不断扩张,并在垂直载荷作用或者外界动载扰动影响下发生失稳,从而导致巷道发生冲击破坏。

不同煤层埋藏深度条件下,厚层坚硬顶板对巷道冲击破坏均有重要影响。A. A. Campoli 等[66]收集并分析了美国东部 5 对有冲击倾向性矿井的地质条件、开采技术和工程参数,研究发现较厚的上覆岩层和坚硬顶底板是诱发冲击灾害的不利地质条件,并且工作面回采过程中产生的应力集中将进一步增加发生冲击灾害的可能性;开采设计中应避免留设大量煤柱和采空区大面积悬顶。

蓝航、李浩荡等[67-68]结合实测微震和工作面支架压力数据,分析了新疆宽沟矿一段时间内的矿压显现情况,并对坚硬厚层顶板条件下回采工作面冲击灾害进行了研究,发现坚硬厚层顶板是诱发冲击动力灾害的主要力源,煤体在坚硬厚层顶板长距离悬顶、采空区见方影响、周期来压及推进速度快等因素的共同作用下发生冲击失稳。

王高利、谭诚[69-70]针对淮南矿业集团多个矿井存在厚层坚硬顶板悬露面积大的问题,对厚层坚硬顶板的破断规律及采场-围岩关系进行了研究,并给出了针对性的解决方案,消除了厚硬顶板冒落时动力冲击现象,确保了工作面的安全回采。牟宗龙、吴兴荣等[71-73]对坚硬顶板下巷道冲击破坏防治进行了多方面的实践。

1.2.3 巷道围岩塑性区研究现状

自 20 世纪 30 年代开始,在国内外就不断有学者对巷道围岩塑性区进行研究,其中国外比较著名的有芬纳(Fenner)、卡斯特奈(Kastner)等,国内著名学者有董方庭、于学馥、陆士良、侯朝炯、马念杰等。随着不断的探索,在这一研究领域逐渐达成了共识:围岩的塑性区即破坏区,而巷道围岩的变形破坏是围岩塑性区的形成和发展引起的。目前认为巷道围岩塑性区的分布形态主要有圆形、椭圆形、自然冒落拱形和不规则形状等。

(1)圆形巷道塑性区经典理论。圆形巷道塑性区经典理论是在国外著名学者芬纳(Fenner,1938)、卡斯特奈(Kastner,1951)研究成果的基础上逐步形成,研究对象主要是双向等压条件下圆形巷道塑性区形态。理想弹塑性力学是该巷道塑性区经典理论的研究基础,通过把摩尔库伦强度准则和经典弹塑性力学理论相结合,假设岩石碎胀系数为 0,推导出了经典的 Kastner 公式[74-77](公式 1.1)。不过该公式仅限于计算双向等压条件下圆形巷道围岩塑性区的半径大小(如图 1.2 所示),并且在双向等压条件下圆形巷道围岩塑性区分布形态为圆形。该理论为巷道支护设计提供了理论依据并被广泛沿用至今。

$$r_p = R_0 \left[\frac{(P_0 + C\cot\varphi)(1 - \sin\varphi)}{P + C\cot\varphi} \right]^{\left(\frac{1-\sin\varphi}{2\sin\varphi}\right)} \tag{1.1}$$

式中　r_p——巷道围岩塑性区半径;

　　　P_0——原岩应力;

　　　P——支护阻力;

　　　R_0——圆形巷道半径;

　　　C——巷道围岩的黏聚力;

　　　φ——巷道围岩的内摩擦角。

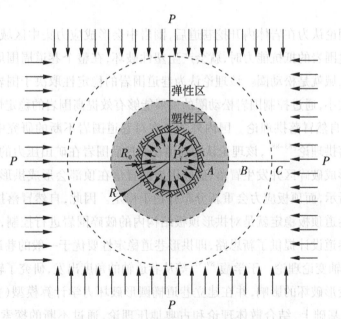

图 1.2　均匀应力场中圆形巷道塑性区计算理论模型

(2)围岩松动圈理论。20世纪90年代中期,我国著名学者董方庭[78-82]等依据声波在破碎围岩和完整围岩中的不同传播速度,对大量巷道围岩进行了声波探测,从而确定围岩的破坏范围,通过对探测结果的分析提出了围岩松动圈理论,如图1.3所示。

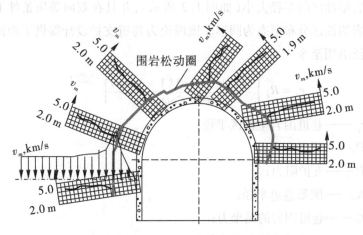

图1.3　巷道松动圈探测示意图

该理论认为在岩体内开挖巷道后,围岩中会形成应力集中区域,当集中应力超过围岩的抵抗能力时,就会产生塑性破坏,在整个巷道周围形成的环形破坏区域就是松动圈。该理论认为巷道围岩的稳定性取决于围岩松动圈范围的大小,通过控制围岩松动圈的发展能够有效提高围岩的稳定性。

(3)自然冒落拱理论。国内外学者在对巷道围岩不断的研究中形成了自然冒落拱理论[83-88],该理论认为巷道在开挖后围岩在矿山压力的作用下,顶板会形成破碎区并发生冒落,破碎围岩的冒落在顶部会形成拱形特征,如图1.4所示,而顶板应力会重新分布并趋于稳定。因此,自然冒落拱理论认为控制巷道顶板稳定就是对拱形顶板结构内的破碎围岩进行控制,同时,该理论给巷道设计提供了新思路,即拱形巷道稳定性要优于一般的巷道。

(4)轴变论理论。于学馥[89-93]等从巷道轴的角度出发,研究了轴比对巷道围岩变形破坏的影响,并在建立巷道椭圆形破坏力学计算模型(如图1.5所示)的基础上,结合散体理论和古典地压理论,通过不断的探索,提出了"轴变论"理论。

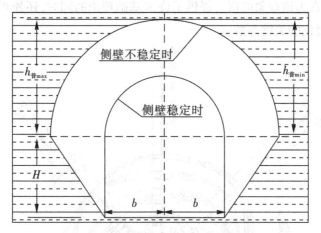

图1.4 普式冒落拱理论计算模型

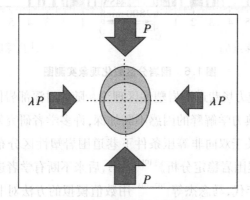

图1.5 "轴变论"力学模型

该理论认为当巷道围岩所处的应力场为非均质时,围岩的破坏会形成椭圆形,巷道的开挖会导致围岩应力发生重新分布。在合理的巷道轴比条件下,围岩的应力会达到均布状态,此时对巷道稳定性最有利。据此提出了巷道最佳轴变比的计算公式,该理论也为巷道断面设计和支护设计提供了依据。

(5)围岩分区裂化理论。随着煤炭开采深度的不断增加,深部岩体的破坏表现出一种新的特征,深部岩体会产生破坏区域和未破坏区域交替出现的现象,众多学者对这一现象进行研究后,将这一现象称为围岩分区裂化现象[94-100],如图1.6所示。这种深部岩体破坏新现象的产生无法用以往的经典力学理论进行解释,所以目前的研究主要依靠数值模拟分析和现场观测。国内外许多学者通过研究发现,这种现象的产生主要是时间和空间的共同作用结果,在为该现象的研究提供了许多基础理论的同时,还梳理了一系列表征分区裂化的关键参数。

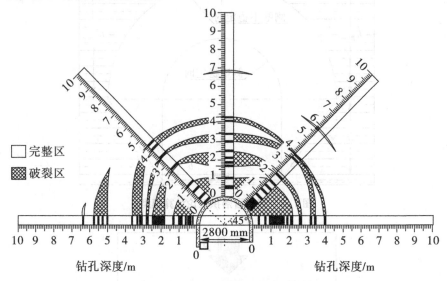

图1.6　围岩分区裂化现象实测图

(6)非均匀应力场巷道围岩塑性区理论。随着对深部岩体产生的破坏现象不能用以往经典力学解释的困惑不断加深,许多学者研究发现深部应力场并非均匀分布。关于双向非等压条件下巷道围岩塑性区分布特征的研究最早见于《地下工程围岩稳定分析》[101]一书,后来不断有学者进行补充更新。

20世纪80年代,马念杰等[102-103]用数值模拟的方法对非等压条件下巷道围岩塑性区进行分析,并且首次提出巷道围岩的塑性区存在"＊"形分布特征,并初步探讨了该塑性区形态出现的条件。近年来,马念杰团队经过不断的研究,赵志强[104]首次提出在双向非等压条件下巷道会形成"蝶形"不规则塑性区,并进一步分析了塑性区的形态特征和分布规律;马念杰等[105-107]又对蝶形塑性区理论进行补充,将偏应力分量引入在双向非等压条件下的塑性区计算当中,阐述了围岩塑性区一般形态的判定准则,并且推导了能够求解"蝶形"塑性区最大半径的公式。文献[108-110]阐述了蝶型塑性区理论在瓦斯抽采钻孔布置、巷道支护设计等方面的应用。

马念杰、刘洪涛等[111-113]根据蝶形塑性区理论,通过分析巷道围岩蝶形塑性区蝶叶瞬时急剧扩展的突变特征,揭示了巷道蝶型冲击地压的发生机理,建立了煤层巷道冲击地压判定准则,为巷道冲击地压的预测、预报及其防治提供了新的思路;借鉴巷道蝶型冲击地压理论及非线性动力系统理论,还提出了掘进巷道蝶型煤与瓦斯突出机理的猜想[114-115]。进一步证明了蝶形塑性区的科学性、合理性，也使得在双向非等压条件下巷道围岩塑性区的研究有了更进一步的发展。

李永恩等[116]根据蝶形塑性区理论，研究发现受采动应力影响后，邢东矿深部回采巷道围岩塑性区出现"蝶形"扩展特征，并给出了针对巷道围岩"蝶形"塑性区特征的支护方案。

还有众多学者在原有经典弹塑性力学理论的基础上，对不同应力场条件下的巷道围岩塑性区进行研究。其中文献[117-119]以不同岩石破坏强度准则为基础对围岩塑性区进行了研究。

Yong Li 等[120]利用考虑了脆性系数的弹性应变软化模型研究了圆形钻孔围岩的塑性变形，包括弹性区、塑性区和破坏区，分析了钻孔在压实和膨胀过程中三个不同区域的应力分布，并在合理的假设和简化的基础上，计算了圆形钻孔塑性区半径。

J. H. Yang 等[121]研究发现深部圆形隧道爆破开挖时，爆破开挖边界上发生的快速应力释放会产生更高的偏应力，以及比最终静态应力更大的挤压剪切破坏区，并且在围岩应力调整过程中，最大、最小主应力的方向会发生改变。

陈立伟等[122]基于统一强度理论，推导出了非均匀应力场中巷道围岩塑性区边界线方程式，可用于预测不同侧压系数时地下深埋隧洞塑性区的大小及形状。

1.2.4 研究现状综述

总结以上研究成果可知，国内外学者主要研究了动载作用下煤岩体的冲击破坏特征，断层构造、顶板的力学结构、厚层坚硬地层的作用等因素对巷道冲击破坏的影响，以及不同应力场中巷道围岩的破坏形态特征等，这些研究的开展使得对塑性区形态及巷道冲击破坏有了更深入的认识，但是存在以下不足：

（1）忽略了主应力大小及其比值对巷道冲击破坏的影响；

（2）现有理论模型具有一定的局限性，难以用于分析全部的巷道冲击破坏现象。

根据国内外相关研究成果，可以得出：巷道冲击破坏的本质是巷道周围部分煤岩体突然破坏,并以爆炸的形式显现出来的力学问题,而巷道破坏实质是由塑性区的形成和扩展引起的。基于此,本书从巷道围岩塑性区的产生、瞬时扩展及能量变化方面入手,探究巷道冲击破坏发生机理。

1.3 研究内容与研究方法

1.3.1 主要研究内容

在现场调研和分析前人相关研究成果的基础上,本书主要以义马煤田中部千秋矿为工程背景,围绕以下几个方面的内容开展研究工作:

(1)调研义马煤田巷道冲击破坏特征及诱发因素。

通过现场调研和资料收集,归纳近年来义马煤田巷道冲击破坏特征及微震监测前兆规律,分析采掘扰动、巷道扩修、巷内爆破等因素对诱发巷道冲击破坏的影响。

(2)分析不同受载状态下煤体冲击破坏能量特征。

煤体破坏会伴随能量的释放,通过控制加载速率、围压,根据不同受载状态下的煤体声发射特征参数,研究煤体破坏过程中的能量特征。

(3)研究义马煤田回采巷道塑性区时空演化规律。

以千秋矿为工程背景,分析采动应力场特征,并根据塑性区形成的力学机制,研究回采巷道塑性区的基本形态及其在时间域和空间域内的演化规律。

(4)探究义马煤田巷道冲击破坏机理。

在分析不同应力条件下巷道塑性区形态特征的基础上,研究塑性区的瞬时扩展及能量变化特征,揭示义马煤田回采巷道冲击破坏机理,并分析主应力场的大小、围岩强度等对塑性区形态及能量分布的影响,归纳影响巷道冲击破坏的关键因素。在此基础上,介绍巷道冲击破坏防控关键措施。

1.3.2 研究方法与技术路线

本书以巷道围岩塑性区为主线,研究不同受载状态下煤体冲击破坏能量特征、不同应力条件下巷道围岩塑性区演化规律及能量变化特征,以揭示义马煤田巷道冲击破坏机理,并分析影响巷道冲击破坏的关键因素,为巷道冲击破坏理论研究及防控技术提供新思路。

(1)采用现场调研的方法,收集并整理义马煤田近年来发生的巷道冲击破坏特征、微震监测前兆规律,分析采掘扰动、巷道扩修、巷内爆破等对诱发巷道冲击破坏的影响。

(2)采用实验室试验的方法,通过控制加载速率和围压,研究不同受载状态下煤体破坏过程中的能量变化特征。

(3)采用理论分析和数值模拟相结合的方法,研究工作面推进不同距离时,工作面前方的应力场特征,分析巷道围岩塑性区形成的力学机制和形态特征及其时空演化规律。

(4)采用数值模拟分析的方法,在研究不同应力条件下巷道围岩塑性区形态特征的基础上,研究巷道塑性区瞬时扩展及能量变化特征,揭示义马煤田回采巷道冲击破坏机理,归纳巷道冲击破坏关键影响因素,并介绍巷道布置、大直径钻孔在巷道冲击破坏防控方面的作用原理。

具体技术路线如图 1.7 所示。

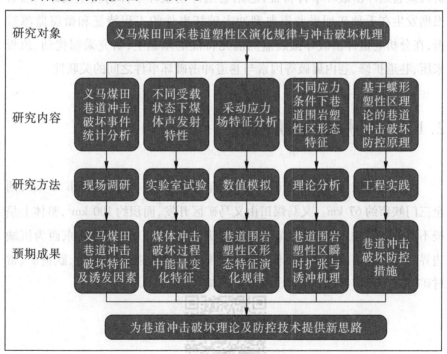

图 1.7　研究技术路线图

2

巨厚砾岩下回采巷道冲击破坏特征及影响因素分析

巷道冲击破坏是煤矿开采过程中,井巷周围煤岩体中积聚的弹性能瞬时释放而产生的突然、剧烈的破坏现象,严重制约着煤矿的安全高效生产。由于巷道冲击破坏的复杂性、突发性,发生过程极短暂,很难直接亲历跟踪记录或在实验室重现事件发生全过程[48]。

本章以义马煤田的巨厚砾岩为例,通过收集并整理义马煤田中部五对矿井的地质资料、统计发生在 2006—2015 年间的巷道冲击破坏事件、深入分析典型巷道冲击破坏事件特征,总结巷道冲击破坏事件的发生规律。然后根据发生在千秋矿回采巷道典型冲击破坏事件的工程特征和微震监测数据,在分析巷道冲击破坏微震监测前兆特征的基础上,研究采掘扰动、顶板来压、巷道扩修、巷内爆破等因素与巷道冲击破坏事件之间的关联性。

2.1 义马煤田地质概况

义马煤田位于河南省西部义马市、渑池县境内。东距洛阳市 55 km,西至三门峡市约 67 km。义马煤田由义马矿区开发,面积约 100 km^2,整体上呈极不对称向斜构造,北起于煤层隐伏露头,南止于 F16 逆断层,东西为沉缺边界。义马煤田内自西向东依次分布有杨村矿、耿村矿、千秋矿、跃进矿、常村矿五对生产矿井和一个露天煤矿,具体分布见图 2.1。

图 2.1　义马煤田矿井分布平面图

义马煤田典型地层特征是煤层上覆岩层为巨厚砾岩,砾岩厚度达几十至数百米。巨厚砾岩成分以石英岩、石英砂岩为主,块状构造,砾径 2 ~ 500 mm。巨厚砾岩的自然地质形成过程较为特殊,很容易积聚弹性能,但是在巨厚砾岩产生离层或者发生滑移时,会突然释放大量积聚的弹性能,造成强烈的震动影响。随着工作面的开采,采空区面积的不断增大,巷道发生冲击破坏的危险性也随之增大,给矿井巷道冲击破坏防控增加了难度[47]。

义马煤田可采煤层处于中侏罗统下阶义马组,分 2 组 5 层,自上而下分别是 1 煤组的 1−1 煤和 1−2 煤,2 煤组的 2−1 煤、2−2 煤和 2−3 煤,其中普遍可采的一层(2−3 煤),大部分地区可采的两层(2−1 煤和 2−3 煤),2 煤组在深部合并,简称二煤。2 煤层直接顶为泥岩、基本顶为巨厚砾岩,直接底为泥岩和炭质泥岩互层,图 2.2 为义马煤田地质剖面图。经过数十年开采,位于义马煤田中部五对生产矿井的采掘活动均已转入深部煤层合并区,最大采深已达 1060 m。目前五对矿井开采深度分别为:杨村矿 400 ~ 600 m,耿村矿 600 ~ 800 m,千秋矿 750 ~ 980 m,跃进矿 650 ~ 1060 m,常村矿 600 ~ 800 m,如图 2.2 所示。

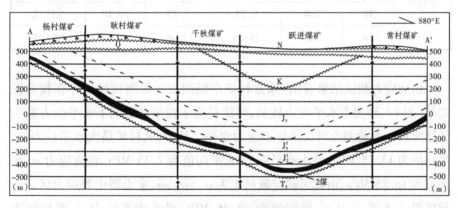

图2.2　义马煤田地质剖面图

煤矿地应力场分布特征不仅是研究开采空间周围采动应力场重新分布的基础,而且对巷道围岩破坏有着显著影响。目前,现场实测是常用的地应力方法,义马煤田除杨村矿外,其他四对矿井的地应力测试结果如表 2.1 所示。

表2.1 义马煤田地应力测试结果

矿井名称	测点编号	深度/m	σ_H/MPa	σ_h/MPa	σ_v/MPa	最大主应力方向
耿村矿	1#	631	14.84	7.69	16.50	N11°E
	2#	650	12.58	7.09	17.00	N43°E
	3#	654	13.83	7.29	17.10	N36°E
千秋矿	1#	633	17.51	9.05	15.83	N89°E
	2#	729	18.01	9.32	18.23	N31°E
	3#	782	22.87	11.67	19.54	N19°E
跃进矿	1#	1011	19.92	10.31	25.28	N82°W
	2#	874	17.65	8.84	21.84	N87°W
	3#	872	15.27	8.24	21.80	N96°E
	4#	873	17.37	9.11	21.83	N68°W
常村矿	1#	786	9.23	5.45	19.65	N3°E
	2#	774	17.68	9.28	19.35	N37°E
	3#	764	9.21	4.77	19.10	N32°E
	4#	763	25.25	13.46	19.08	N23°E

由地应力测试结果看出:除常村矿个别测点所得测试结果存在较大误差外(如1#、3#测点水平应力较低,可能是由于在采动影响下水平应力发生转移所致),其他测点可反映原岩应力水平。其中,耿村矿最大水平应力 σ_H 平均值为13.75 MPa,最小水平应力 σ_h 平均值为7.35 MPa,垂直应力 σ_v 平均值为16.86 MPa,由此可确定耿村矿为 $\sigma_v > \sigma_H > \sigma_h$ 重力型中等应力区。千秋矿最大水平应力 σ_H 平均值为19.46 MPa,最小水平应力 σ_h 平均值为10.01 MPa,垂直应力 σ_v 平均值为17.86 MPa,由此可确定千秋矿为 $\sigma_H > \sigma_v > \sigma_h$ 构造型高应力区。跃进矿最大水平应力 σ_H 平均值为17.55 MPa,最小水平应力 σ_h 平均值为9.12 MPa,垂直应力 σ_v 平均值为22.68 MPa,由此可确定跃进矿为 $\sigma_v > \sigma_H > \sigma_h$ 重力型高应力区。常村矿最大水平应力 σ_H 平均值为21.46 MPa,最小水平应力 σ_h 平均值为11.37 MPa,垂直应力 σ_v 平均值为19.21 MPa,由此可确定常村矿为 $\sigma_H > \sigma_v > \sigma_h$ 构造型高应力区。受埋深和断层影响,义马煤田测试地应力区域应力水平较高,最大水平主应力多为 NE

方向[48]。但是不同测点处的最大主应力方向差异较大,方向范围3°~89°,这表明义马煤田地应力场较为复杂。

2.2 义马煤田巷道冲击破坏特征

2.2.1 义马煤田巷道冲击破坏事件统计分析

在现场调研并进行资料收集的基础上,统计了2006—2015年义马煤田中部五对矿井巷道冲击破坏事件的发生次数。根据统计结果,自2006年至2015年,义马煤田中部五对矿井(杨村矿、耿村矿、千秋矿、跃进矿、常村矿)累计发生108次巷道冲击破坏事件(见表2.2),共造成超过11 000 m巷道遭到不同程度的破坏、30余人死亡,以及近亿元的直接经济损失。

表2.2 义马煤田中部五矿巷道冲击破坏事件次数汇总(2006—2015)

矿井	2006	2007	2008	2009	2010	2011	2012	2013	2014	2015	合计
杨村矿	0	0	0	0	2	3	1	0	1	0	7
耿村矿	0	0	0	2	2	2	1	3	1	1	12
千秋矿	2	0	4	1	13	10	7	2	2	0	41
跃进矿	2	7	7	3	1	3	7	3	1	0	34
常村矿	0	1	5	3	0	0	1	2	2	0	14
合计	4	8	16	9	18	18	17	10	7	1	108

从表2.2中可以看出,处于义马煤田中部的千秋矿发生的巷道冲击破坏次数最多,达到41次,占事件总数的38.0%;跃进矿发生的巷道冲击破坏次数次之,为34次,占事件总数的31.5%,耿村矿和常村矿发生的次数较为接近。

从表2.2中还可以看出,发生在2010—2012年的冲击破坏次数较多,根据现场调研结果及相关记录资料,发现该时间段内千秋矿21141工作面正处于回采阶段,发生在千秋矿21141工作面的巷道冲击破坏特征将在下文进行分析。

结合图2.2可知,千秋矿和跃进矿开采深度大于耿村矿和常村矿,常村矿开采深度略大于耿村矿。统计2006—2015年义马煤田中部五矿不同埋深发生的巷道冲击破坏事件,得到图2.3。从图中可以看出,巷道埋深为600～700 m、大于700 m发生的巷道冲击破坏次数分别为46次和44次,分别占事件总数的42.6%和40.7%。由此可以得出,巷道埋深对冲击破坏的发生有直接影响。

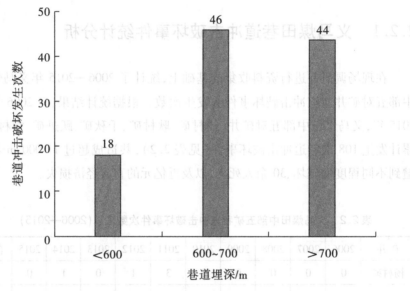

图2.3 义马煤田不同埋深巷道冲击破坏事件统计(2006—2015)

图2.4为2006—2015年义马煤田中部五矿不同时期或区域发生的巷道冲击破坏事件统计柱状图。从图中可以看出,在回采期间发生的巷道冲击破坏次数最多,掘进期间次之,发生次数分别为55次和44次,分别占巷道冲击破坏事件总数的50.9%和40.7%,在煤柱影响区域仅发生9次巷道冲击破坏事件,占事故总数的8.3%。此外,根据现场反馈情况,发生回采工作面超前300 m范围内巷道冲击事件较多,并且超前150 m范围为高发区,掘进工作面滞后迎头250 m范围冲击事件也比较多,滞后掘进工作面迎头125 m范围为高发区。因此,采掘扰动是诱发巷道冲击破坏的重要因素。

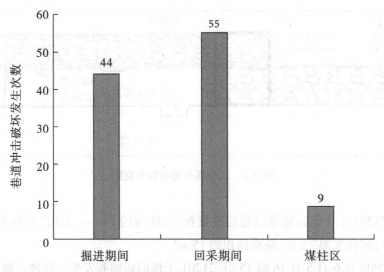

图 2.4 义马煤田不同时期巷道冲击破坏事件统计(2006—2015)

综合上述分析,可以得出,处于逆断层影响范围内的义马煤田地应力特征比较复杂、煤层顶板砾岩层厚度大、工作面开采深度大,在采掘扰动等因素的共同作用下,导致该区域内巷道冲击破坏事件频发。

2.2.2 义马煤田巷道冲击破坏特征

根据调研结果还发现,2006—2015 年义马煤田中部五对矿井累计 108 次巷道冲击破坏事件中,造成经济损失较为严重的巷道冲击破坏事件有 4 起,占全部发生次数的 3.7%,分别是发生在 2008 年的"6·5"、2011 年的"11·3"、2014 年的"3·27"和 2015 年的"12·22"巷道冲击破坏事件,并且前三次巷道冲击破坏事件均发生在千秋矿,"12·22"巷道冲击破坏事件发生在耿村矿。下面对这四次较为典型的巷道冲击破坏特征进行分析。

2.2.2.1 2008 年"6·5"事件

千秋矿 21201 工作面设计长度 1555 m,切眼长度 130 m,煤层平均厚度 23 m,煤层倾角 10°~14°。该工作面位于千秋矿 21 采区下山西翼第 5 个工作面,其北侧依次是 21181 工作面采空区、实体煤,南侧是实体煤,西侧是井田边界,东侧是大巷保护煤柱。工作面平面布置示意图如图 2.5 所示。

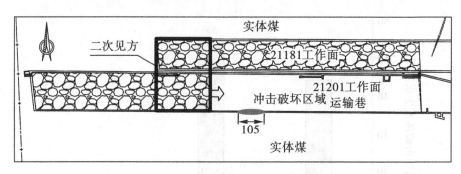

图 2.5　工作面平面布置示意图

21201 工作面运输巷沿煤层底板掘进,埋深约 740 m,采用"锚网索+工字钢可缩性支架"支护,断面面积约 15 m²。

2008 年 6 月 5 日 16 时 15 分,21201 工作面运输巷发生一起冲击破坏事件。该冲击破坏事件造成 21201 工作面前方长度约 105 m 的巷道断面瞬间缩小到不足 1 m²,巷道内的皮带输送机架子和托辊被挤到巷帮顶梁上,局部地段巷道顶底板基本合拢。图 2.6 为事故现场照片。

图 2.6　巷道冲击破坏现场照片(一)

根据现场反馈情况,巷道冲击破坏事件发生时,21201 工作面回采至 931 m,冲击破坏区域处于采动影响范围内,并且在 21201 工作面运输巷内有四处巷道扩修地点正在施工。因此,该巷道冲击破坏事件的主要诱发因素包括采动影响、巷道扩修等。

2.2.2.2 2011年"11·3"事件

千秋矿21221工作面设计长度1520 m,切眼长度180 m,煤层平均厚度23 m,煤层倾角10°~14°,该工作面位于21采区下山西翼第7个工作面,其北侧依次是21181工作面采空区和21201工作面采空区,南侧是实体煤,西侧是井田边界,东侧是大巷保护煤柱。工作面平面布置示意图见图2.7。

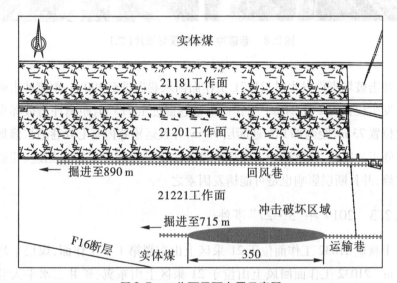

图2.7 工作面平面布置示意图

21221工作面运输巷沿煤层底板掘进,埋深约760 m,采用"锚网索+6317型36U型钢可缩性支架+大立柱"支护,断面面积约24 m²。在巷道掘进过程中,采取了煤层深孔注水、大直径卸压钻孔、深孔断顶和断底卸压爆破等多种防冲措施。

2011年11月3日19时18分,21221工作面运输巷发生一起冲击破坏事件,微震监测能量为3.5×10⁸ J(ARAMIS),震级:4.1级(KZ-301)。该事件不仅造成重大人员伤亡和经济损失,还导致运输巷620~640 m、515~553 m、460~500 m等地段底臌变形严重,575~620 m部分地段巷道高度仅有0.5~0.8 m,290~460 m巷道内加强大立柱向上帮歪斜,两帮变形严重,造成36U型钢可缩性支架扭曲变形,上帮棚腿向巷道内滑移,巷道高度最小处不足1.9 m,宽度最小处为2.3 m,甚至局部巷道基本合拢。局部巷道冲击破坏现场照片见图2.8。

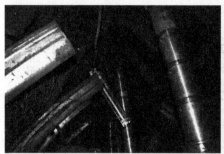

图 2.8　巷道冲击破坏现场照片(二)

冲击破坏事件发生时,21221 工作面回风巷掘进至 890 m,距离冲击破坏事件发生位置 382 m,21221 工作面运输巷掘进至 715 m,距离冲击破坏事件发生位置 73 m,距南部 F16 逆断层 98 m,并且运输巷内有七处巷道扩修地点正在施工。因此,该巷道冲击破坏事件的主要诱发因素是巷道掘进、巷道多处扩修,并且断层影响也是可能诱发因素之一。

2.2.2.3　2014 年"3·27"事件

千秋矿 21032 工作面位于 21 采区上山东翼第 1 个工作面,煤层平均厚度 7 m。21032 工作面回风上山位于 21 采区上山东翼、矿井二水平大巷以北,西部 450 m 以外为 18 采区上山采空区,东临 21 采区上山采空区,南为大巷保护煤柱,北部为原辅助轨道运输巷及 18151 工作面采空区。21032 工作面回风上山设计长度 152 m,自底部车场绕道终点沿水平方向开始掘进,水平方向共计掘进 28.5 m,见二煤底板后起坡沿 +22° 掘进 48.3 m,见顶板后沿顶掘进。21032 工作面回风上山埋深 497 m,采用"喷锚网索+5154 型 36U 型钢可缩性支架+36U 加强点柱"支护,断面面积 16.69 m²,变坡点附近采用"锚网索+36U 型钢可缩性支架+门式支架"支护。巷道布置平面示意图见图 2.9。在巷道掘进期间,采取了深孔卸压爆破、煤层深孔注水等防冲措施。

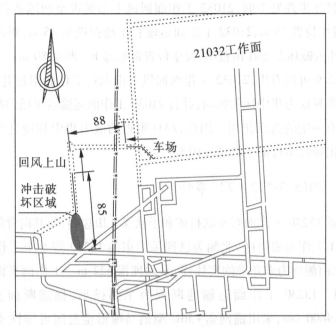

图2.9 巷道平面布置示意图

2014 年 3 月 27 日 11 时 18 分,21032 工作面回风上山发生一起冲击破坏事件,微震监测能量为 $1.1×10^7$ J(ARAMIS),震级:1.9 级(KZ–301)。该冲击破坏事件不仅造成重大人员伤亡和经济损失,还导致 36U 型钢可缩性支架扭曲变形,自下部变坡点向上 20 m 的巷道不同程度发生两帮移近、巷道底臌等,距下部变坡点 50 m 处巷道基本合拢,仅在下帮有 0.8 m 左右空间,巷内大部分 36U 加强点柱出现弯曲,下部车场两道风门被严重破坏,瓦斯集聚浓度高达 9%,附近的 21 采区 763 皮带斜巷、强力皮带头硐室、绞车房也发生不同程度的变形。图 2.10 为局部巷道冲击破坏现场照片。

图2.10 巷道冲击破坏现场照片(三)

冲击破坏事件发生时,21032 工作面回风上山掘进至回风巷往上 85 m 处,距离发生位置 20 m,21032 工作面运输巷车场掘进至 45 m,距离发生位置 88 m,冲击破坏发生在顶板中,发生位置距东部 F_{3-7} 断层 80 m。

从图 2.9 可以看出,21032 工作面回风上山掘进工作面附近巷道较多,容易受到煤柱应力集中区的影响,并且 21032 工作面运输巷车场的掘进对回风上山也有一定的扰动作用。因此,煤柱附近的应力集中和掘进扰动是此次巷道冲击破坏事件的主要诱发因素。

2.2.2.4　2015 年"12·22"事件

耿村矿 13230 工作面东至耿村矿和千秋煤井田边界,与其向背的是千秋煤矿 21121 工作面采空区,北侧为已回采结束的 13210 等 5 个工作面采空区,西侧和南侧均为未开采的实体煤,平均埋深 622 m。工作面平面布置图见图 2.11。13230 工作面运输巷断面为半圆拱形,掘进断面宽×高 = 7500 mm×4600 mm,采用锚网索+36U 型钢马蹄形全封闭可缩性支架支护后,净断面宽×高 = 6200 mm×4150 mm,净断面约 20 m²,图 2.12 为巷道支护断面图。

为了防止巷道冲击破坏事件的发生,矿井采取了多种防冲措施和监测预警方法,并且工作面两巷超前采用巷道支架和液压抬棚支护,其中巷道支架型号为 ZT2×4000/23/50,液压抬棚支架采用 2 根直径 220 mm 的大立柱配合顶底梁组成,回风巷超前支护长度为 150 m,运输巷超前支护长度为 300 m。

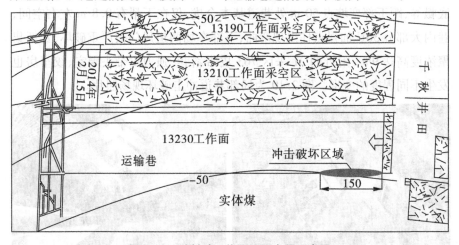

图 2.11　耿村矿工作面平面布置示意图

图2.12 耿村矿巷道支护断面图

2015年12月22日10时42分,在耿村煤矿13230工作面回采期间运输巷发生一起巷道冲击破坏事件,造成重大经济损失和人员伤亡,并导致13230工作面运输巷安全出口以外长度约150 m的巷道出现底臌、断面收缩,巷道内部分机电、运输、支护等设备设施损坏或侧翻。

巷道冲击破坏事件发生后,13230工作面运输巷内液压抬棚损坏30架(共35架),其中大立柱折断7架,大立柱弯曲11架,并且长度约70 m的皮带出现倾斜。在距离工作面15 m处,巷道高度为1.1 m,并出现冒顶,冒顶高度×长度为0.5 m×2 m;距离工作面45 m处,巷道宽度为1.8 m、高度为2.1 m,顶部和下帮均紧贴转载机,上帮仅有高度1 m、宽度0.4 m的空间;距离工作面80 m处,巷道宽度为2.3 m、高度为1.7 m,此处向里巷液压抬棚、管线及皮带等杂物充满整个巷道,行人困难,只能爬行前进;距离工作面约150 m处巷道宽度为3.1 m、高度为2.2 m,开关车出现侧翻。现场照片见图2.13。

图 2.13 巷道冲击破坏现场照片(四)

巷道冲击破坏事件发生时,13230 工作面在回风巷一侧推进了 36.0 m,在运输巷一侧推进了 29.7 m,发生位置处于采动应力影响范围内。由于工作面处于初采阶段,分析认为,此次巷道冲击破坏事件的诱发因素与采动影响有关。

综合上述分析可以得出,发生在义马煤田中部五对矿井的巷道冲击破坏特征主要表现为严重底臌、两帮收缩,甚至局部地段巷道合拢,伴随有 36U 型钢支架、大立柱等支护体变形、损毁,并且采掘扰动、巷道扩修、顶板来压、断层等因素会改变巷道围岩区域应力场,从而诱发冲击破坏。

2.3 千秋矿巷道冲击破坏事件分析

2.3.1 千秋矿井田概况

河南能源化工集团义煤公司千秋矿始建于 1955 年,1958 年投产,是义煤公司的骨干矿井之一,矿井位于河南省义马市南 1~2 km。千秋矿井田范围北起 2-3 煤层露头线,南至 F16 断层,东邻北露天矿和跃进煤矿,西接耿村煤矿和 2-1 煤标高约+100 m,井田东西走向长 4.0~8.5 km,南北倾斜长 1.4~4.0 km,井田面积 17.6455 km^2,陇海铁路从井田中央斜切穿过,工业广场北 1 km 为 310 国道,向北 5 km 为连霍高速公路,矿井有 4.0 km 长的铁路专用线与陇海铁路相接,交通极为便利。

矿井设计生产能力为 60 万 t/a,2007 年底,核定矿井生产能力为

210 万 t/a。2012 年河南省工业和信息化厅批复矿井为高瓦斯矿井,煤尘爆炸指数为 44.57%,有爆炸危险。

井田以上侏罗统砾岩为骨架,上部广泛分布第四系亚黏土,地形较为复杂,属低山丘陵区,地形南高北低,井田北部较平坦,地表有一个典型的季节性山区河流(涧河)自井田北部由西向东流过。地面标高 +437.20 m ~ +670.73 m,最大相对高差 +233.53 m。

井田为一单斜构造,断裂稀少,包括边界断层 F16 在内,落差大于 20 m 的断层只有 3 条,无岩浆侵入,地质构造较为简单,依据现行相关规范、规程,构造类型被评定为简单型。

千秋矿开拓方式为立井、斜井、单翼二水平上下山混合式开拓,矿井共有 8 个井筒,其中六个进风井:主、副立井、三号进风斜井、四号进风斜井、原四号回风井和新材料立井;两个回风井:三号回风井、新回风立井。矿井一水平大巷标高 +320 m,大巷总长度 7500 m;二水平标高 +65 m,大巷长度 600 m。矿井采用综采放顶煤采煤法,全部垮落法管理顶板。

本井田含煤地层为侏罗系义马组,主要可采煤层为 2-1 煤和 2-3 煤。两层煤在标高 +200 m ~ +250 m 以下合成一层,简称二煤。经过长时间的开采,矿井已进入 2-1 煤和 2-3 煤合并区,煤层平均厚度 25.2 m,煤层倾角 10°~14°。二煤上方依次为泥岩(厚度约 25 m)、砾岩、粉砂岩、细砂岩互层(厚度约 205 m)以及厚度达 407 m 的巨厚砾岩,距离煤层约 230 m。煤层底板岩性复杂,主要由泥岩、细砂岩、粉砂岩、炭质泥岩组成,当煤层底板为砾岩、砂岩时底板较稳定,当底板为含砾黏土岩及煤矸互叠层时,岩性遇水易膨胀,底臌较为严重,对生产影响较大。

2.3.2 千秋矿巷道冲击破坏特征

1991 年 11 月 24 日,千秋矿第一次发生巷道冲击破坏事件,事件发生时的开采深度为 449 m。近年来,随着开采深度的逐年增加,巷道冲击破坏的发生频率和烈度也明显增大。

据不完全统计,在 2006—2015 年,千秋矿发生 41 次巷道冲击破坏事件(详见表 2.3),其中 2008 年"6·5"、2011 年"11·3"、2014 年"3·27"三次巷道冲击破坏事件造成了重大人员伤亡和财产损失。对巷道冲击破坏特征和发生规律进行研究,将有助于揭示巷道冲击破坏机理。

表 2.3　千秋矿巷道冲击破坏事件次数汇总(2006—2015)

序号	发生时间	事件发生位置	冲击破坏特征	发生时期	诱发因素
1	2006.08.02	21201 运输巷	顶底板移近量 0.8 m,两帮移近量 0.7 m	掘进	
2	2006.08.06	21201 运输巷	顶底板移近量 1.4 m,两帮移近量 1.8 m	掘进	
3	2008.06.05	21201 运输巷	局部巷道断面缩小到不足 1 m²,局部地段巷道顶底板基本合拢	回采	二次见方影响,巷道多头扩修
4	2008.08.21	21141 运输巷	底臌 1.0 ~ 2.0 m,U 型钢支架腿滑移 0.1 ~ 0.8 m	掘进	
5	2008.11.22	21141 运输巷	顶板下沉 0.4 m,底臌 0.2 m,U 型钢支架扭曲变形	掘进	巷道扩修
6	2008.11.24	21141 运输巷	顶板下沉 0.8 m,U 型钢支架扭曲变形,片帮:2.9 m×0.8 m×1.6 m(长×宽×高)	掘进	巷道扩修
7	2009.11.15	21141 运输巷	26 架 U 型钢支架下帮卡缆滑移 0.02 ~ 0.05 m,28 根木点杆滑移、压裂	回采	
8	2010.02.13	21141 运输巷	底臌约 1 m,U 型钢支架底拱与架腿联接处滑移 0.5 ~ 0.65 m	回采	二次见方影响
9	2010.04.01	21141 运输巷	巷道内多处有碎煤、锚喷皮掉落	回采	二次见方影响
10	2010.05.27	21141 运输巷	底臌 1.4 ~ 1.6 m,两帮移近量 1.6 ~ 2.2 m	回采	三次见方影响
11	2010.08.16	21 区进风下山	进风下山有锚喷皮脱落	煤柱区	缆车巷扩修
12	2010.08.23	21141 运输巷	3 根加强梁脱落,1 根被震断	回采	巷内爆破
13	2010.08.26	21141 运输巷	43 根木点柱脱落,27 根滑移 0.1 ~ 0.2 m,7 根加强梁弯曲	回采	

续表2.3

序号	发生时间	事件发生位置	冲击破坏特征	发生时期	诱发因素
14	2010.09.03	21141 运输巷	底臌 0.1 m,5 架 U 型钢支架变形	回采	
15	2010.09.21	21141 运输巷	底臌 0.2 m,多处有碎煤、锚喷皮掉落,11 根木点柱脱落,1 根被震断	回采	巷内爆破
16	2010.10.21	21141 运输巷	39 根加强梁弯曲,卡缆向下滑移 0.2 m	回采	巷道扩修
17	2010.11.10	21141 运输巷	煤尘大,底拱梁翘起	回采	
18	2010.11.19	21141 运输巷	煤尘大,局部有碎煤掉落	回采	
19	2010.11.25	21141 运输巷	9 根加强梁弯曲,多架防冲支架倾斜	回采	巷道多头扩修
20	2010.12.11	21141 运输巷	底臌和顶板下沉 0.5 ~ 1.0 m,两帮移近 0.2 ~ 0.8 m,单体支柱压死 6 根,折断 3 根,4 架底拱梁翘起	回采	巷内爆破
21	2011.01.17	21141 运输巷	底臌 0.03 m,煤尘大,多架防冲支架发生滑移,多根大立柱倾倒或与顶梁脱离	回采	
22	2011.02.14	21141 运输巷	顶底板移近量 0.3 ~ 0.5 m,转载机滚筒压死,底臌 0.2 ~ 0.3 m,最小巷高 1.2 ~ 1.3 m,多根大立柱断裂	回采	巷内多头扩修、爆破
23	2011.03.10	21141 运输巷	底臌 0.2 ~ 0.5 m,转载机头被压死	回采	巷道扩修
24	2011.04.09	21141 运输巷	顶板下沉 0.2 ~ 0.3 m,底臌 100 ~ 200 mm,9 根木点柱被压裂或倾斜	回采	巷道多头扩修
25	2011.06.24	21221 运输巷	煤尘大,顶板下沉 0.3 m,11 架 U 型钢支架变形	掘进	

续表2.3

序号	发生时间	事件发生位置	冲击破坏特征	发生时期	诱发因素
26	2011.08.16	21221 运输巷	煤尘大,两帮移近量 0.72 m,底臌 0.28~0.54 m,31 根单体柱向上帮滑移 0.2~1.2 m	掘进	采掘相向
27	2011.08.31	21221 运输巷	底臌 0.39~1.59 m,两帮移近量 0.22~0.45 m	掘进	巷内爆破
28	2011.10.10	21141 运输巷	19 根单体柱和 3 架防冲支架倾斜或滑移	回采	
29	2011.11.03	21221 运输巷	长度约 350 m 巷道变形严重,其中约 143 m 基本合拢	掘进	巷道多头扩修
30	2011.12.27	21141 运输巷	煤尘大,顶板下沉 0.03~0.05 m	回采	巷道扩修
31	2012.03.26	21141 运输巷	底臌 0.2~0.3 m,9 根支护单体柱倾倒	回采	巷道扩修
32	2012.04.12	21112 运输巷	顶板下沉 0.25 m,底臌 0.14 m	掘进	巷道扩修、爆破
33	2012.05.06	21141 运输巷	底臌 0.05 m 多架防冲支架出现滑移	回采	巷道扩修
34	2012.05.10	21112 运输巷	煤尘大,底臌 0.2~0.3 m,有大块锚喷皮掉落	掘进	附近有 3 个掘进头
35	2012.06.13	21141 运输巷	顶底板移近量 0.5 m,单体柱滑移 0.4 m	回采	巷内施工卸压钻孔
36	2012.09.11	21141 运输巷	28 根单体柱滑移 0.2~0.8 m,底臌 0.6 m	回采	21 区轨道内扩修
37	2012.10.03	21112 运输巷	两帮移近量 0.05 m,顶底板移近量 0.08 m	掘进	
38	2013.02.08	21141 运输巷	底臌 0.3 m,顶板下沉 0.2 m	回采	巷道扩修
39	2013.09.07	21112 运输巷	煤尘大,巷道断面由 24 m² 收缩至 7.5 m²	回采	巷内掘进水仓
40	2014.02.15	21032 回风上山	顶底板移近量 1.2 m,片帮深度 2 m	掘进	

续表2.3

序号	发生时间	事件发生位置	冲击破坏特征	发生时期	诱发因素
41	2014.03.27	21032 回风上山	局部巷道基本合拢,36 U 加强点柱弯曲变形,两道风门被摧毁	掘进	掘进扰动

由表2.3可以得出,巷道冲击破坏诱发因素有工作面顶板来压、掘进扰动、爆破、巷道扩修等,冲击动力引起的回采巷道变形破坏特征主要表现为巷道底臌、两帮收缩、支护体损毁等,这是由于回采巷道顶板和帮部支护强度高于底板,导致底板在冲击动力作用下破坏程度大于顶板和帮部。

图2.14~2.16是基于表2.3得出的千秋矿巷道冲击破坏事件发生次数统计结果。由图2.15可知,巷道掘进和工作面回采期间发生的巷道冲击破坏事件分别发生14次和26次,分别占千秋矿巷道冲击破坏事件总数的34.1%和63.4%。尽管在巷道掘进和工作面回采期间都伴随有巷道扩修及防冲工程(如卸压爆破等)的施工,但从整体上反映出工作面回采期间更容易诱发巷道冲击破坏。

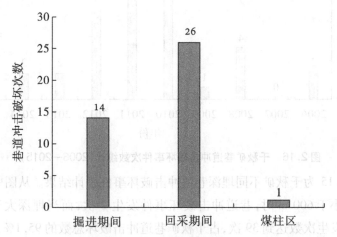

图 2.14　千秋矿不同时期巷道冲击破坏事件统计 (2006—2015)

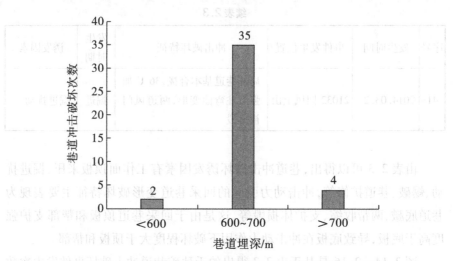

图2.15 千秋矿不同埋深巷道冲击破坏事件统计(2006—2015)

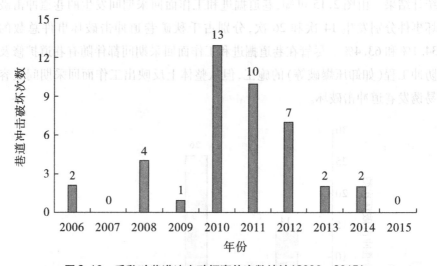

图2.16 千秋矿巷道冲击破坏事件次数统计(2006—2015)

图2.15为千秋矿不同埋深巷道冲击破坏事件统计结果。从图中可以看出,埋深小于600 m时,巷道冲击破坏事件发生2次,而当埋深大于600 m时,事件发生次数达到39次,占千秋矿巷道冲击破坏总数的95.1%。

从图2.16可以看出,2010—2012年三年间发生30次巷道冲击破坏事件,占统计总数的73.2%。而这一时间段恰处于21141工作面回采期间,并且绝大多数巷道冲击破坏事件的发生地点是21141工作面运输巷。在21141工作面回采期间,21141工作面运输巷共发生24次冲击破坏事件,占千秋矿事件总数的58.5%。

2.3.3　千秋矿巷道冲击破坏防控措施

由于 21141 工作面运输巷发生的冲击破坏事件次数比较多,因此,有必要掌握 21141 工作面运输巷的支护结构、冲击破坏防控措施等。

千秋矿 21141 工作面位于 2-1 煤与 2-3 煤合并区,统称二煤。该工作面为矿井 21 采区西翼第 6 个工作面,其东西两侧分别为采区下山保护煤柱和井田边界煤柱,北侧为已回采结束的 21101 工作面和 21121 工作面,南侧依次为未开采的 21161 工作面、已回采结束的 21181 工作面和 21201 工作面。由于历史上不合理的开采,造成 21141 工作面与未开采的 21161 工作面形成倾向长度为 270 m 的孤岛,而 21141 工作面运输巷位于孤岛面中部,因此,有学者将 21141 工作面称为半孤岛面[123],工作面布置如图 2.17 所示。

图 2.17　千秋矿 21 采区工作面布置平面图

21141 工作面埋深 659 ~ 704 m,平均 684 m,煤层平均厚度约 25.2 m,煤层倾角 10° ~ 14°,平均 12°,采用放顶煤采煤法和综合机械化采煤工艺,自然垮落法管理顶板,工作面走向长度 1496 m,倾向长度 130 m。煤层直接顶为泥岩,层理发育,平均厚度 25.4 m,分布较稳定。煤层上方约 230 m 为巨厚砾岩,厚度约 407 m。直接底以泥岩为主,平均厚度 6.2 m,基本底以细砂岩为主,间夹碳质泥岩、含砾泥岩、细砂岩等,分布不稳定。21141 工作面运输巷位于与 21161 工作面形成的孤岛面中部,其断面形状为半圆拱形,实际掘进时底板留有厚度约为 2 m 的底煤,掘进巷道采用"锚网+全断面锚索+喷浆+36U 型钢马蹄形全封闭可缩性支架"支护(支护断面图见图 2.18),断面尺寸宽×高=6317 mm×3800 mm。21141 工作面运输巷具有如下特点:

(1)大断面:巷道掘进断面面积达 25.2 m²,净断面面积约 18 m²;

(2)采用高强度可变形让压锚杆[见图 2.19(a)]、鸟窝让压锚索[见图 2.19(b)]支护;

(3)采用全断面锚索支护:顶锚索 5 根,帮锚索 2 根[见图 2.19(a)];

（4）采用了加强横梁支护［见图2.19（c）］；

（5）36U型钢马蹄形全封闭可缩性支架采用了十一道连接板［见图2.19（d）］；

（6）采用了木点柱支护［见图2.19（e）］。

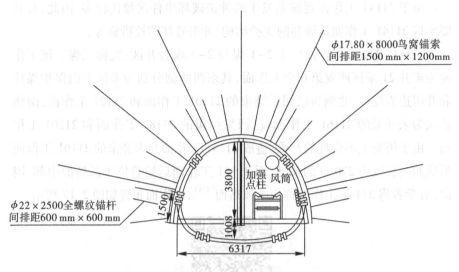

φ17.80×8000鸟窝锚索
间排距1500 mm×1200mm

加强点柱　风筒

3800

1008

φ22×2500全螺纹锚杆
间排距600 mm×600 mm

1500

6317

（a）支护断面图

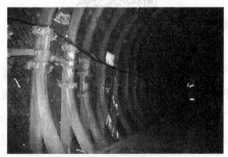

（b）现场实际效果图

图2.18　21141工作面运输巷掘进期间支护断面图

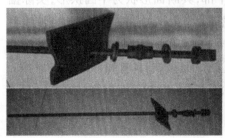

（a）让压锚杆

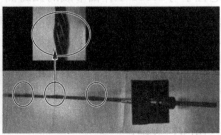

（b）鸟窝让压锚索

（c）加强横梁支护　　　　　（d）采用十一道连接板

（e）木点柱支护

图 2.19　21141 工作面运输巷支护特点

　　为了有效减弱巷道冲击破坏程度，在 21141 工作面运输巷局部需要重点加强区域采用了"锚网索+36U 可缩性支架+门式支架+36U 加强点柱"支护，图 2.20 为加强支护现场照片。

图 2.20　千秋矿巷道加强支护断面图

另外,在 21141 工作面回采期间,还采取了煤层高压注水、卸压钻孔、卸压爆破等措施,以降低巷道冲击危险性。

2.4 巨厚砾岩下回采巷道典型冲击破坏微震前兆特征

除了采取上述多种冲击破坏防控措施外,在监测预警方面,千秋矿不仅形成了由钻屑法和矿压观测组成的局部监测体系,还利用 KBD-5、KBD-7 电磁辐射仪及 KJ550 在线监测系统对 21141 工作面实施不间断监测,而且在 21141 工作面安装了加拿大 ESG 和波兰 ARAMIS 微震监测系统,以增强监测效果,同时在地面安装了国产 KZ-301 矿震监测设备,实现多渠道、多手段捕捉冲击破坏信息,形成了从井田、采区、工作面全方位、立体式监测网络"三级"预警体系。

针对发生在 21141 工作面运输巷的典型冲击破坏事件,对其微震监测前兆特征进行分析,以期得到冲击破坏事件发生的前兆规律,为揭示该条件下的巷道冲击破坏机理提供指导。

2.4.1 典型事件 I

2010 年 2 月 13 日 3 时 46 分,21141 工作面运输巷发生一次冲击破坏事件,微震监测能量为 $1.2×10^7$ J(ARAMIS),震级:1.4 级(KZ-301)。巷道冲击破坏事件发生时,21141 工作面回采至二次见方影响区域(推进距离约为 270 m)。该事件造成局部巷道底臌 1 m 左右、实验底梁拱起[见图 2.21 (a)],36U 型钢支架底拱与架腿联接处滑移 0.50~0.65 m,甚至被折断[见图 2.21(b)],还导致 2 根木点柱折断,10 多根木点柱倾倒[见图 2.21(c)]。

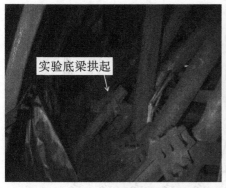

（a）实验底梁拱起　　　　　　　　（b）36U型钢支架折断

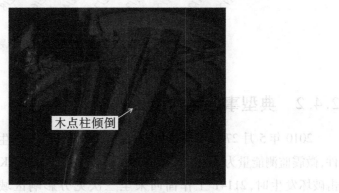

（c）木点柱倾倒

图2.21　巷道冲击破坏现场照片(五)

　　图2.22为该事件发生前20天内的微震监测能量和总频次曲线。从图中可以看出,在巷道冲击破坏事件发生前,微震监测最大能量和总能量变化不大,最大能量为$4.2×10^6$ J,其总频次为17次,当天总能量为$5.3×10^6$ J,发生在2010年1月29日,距离巷道冲击破坏事件发生15天。另外,最大能量的总频次波动较为明显,并且接近巷道冲击破坏事件发生的几天内,大能量事件总频次相对较多,最大总频次为31次。巷道冲击破坏事件发生当天最大能量急剧增大至$1.2×10^7$ J,总频次也急剧增加到20天内的最大值41次。

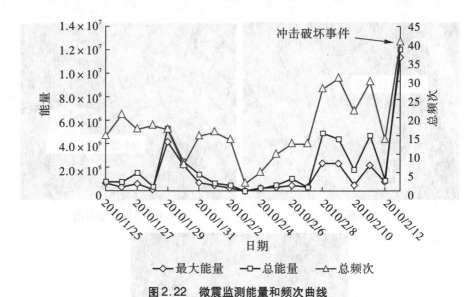

图 2.22 微震监测能量和频次曲线

2.4.2 典型事件Ⅱ

2010 年 5 月 27 日 3 时 3 分,21141 工作面运输巷发生一次冲击破坏事件,微震监测能量为 $1.1×10^7$ J(ARAMIS),震级:1.4 级(KZ-301)。巷道冲击破坏发生时,21141 工作面回采至三次见方影响区域(推进距离约为 400 m)。该冲击破坏事件造成局部巷道底臌量达 1.4 ~ 1.6 m[见图 2.23(a)],两帮移近量达 1.6 ~ 2.2 m。36U 型钢支架底拱与架腿联接处最大滑移 0.4 m[见图 2.23(b)],共有 91 根木点柱和 20 根单体柱倾倒[见图 2.23(c)],实验底梁拱起或折断[见图 2.23(d)]。

(a)巷道底臌

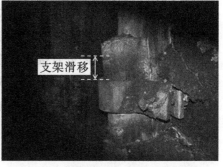

(b)支架底拱与架腿联接处滑移

 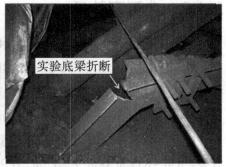

（c）木点柱倾倒　　　　　　　　（d）实验底梁折断

图2.23　巷道冲击破坏现场照片（六）

图2.24为该巷道冲击破坏事件发生前20天内的微震监测能量和总频次曲线。从图中可以看出,在巷道冲击破坏事件发生前,微震监测最大能量波动不明显,大能量事件总频次变化较大。微震监测最大能量为$4.1×10^6$ J,发生在2010年5月10日,当天大能量事件总频次为19次,距离巷道冲击破坏事件17天。而巷道冲击破坏事件发生当天,微震监测最大能量和总能量急剧增大,达到$1.1×10^7$ J,但是其总频次却没有明显增加。

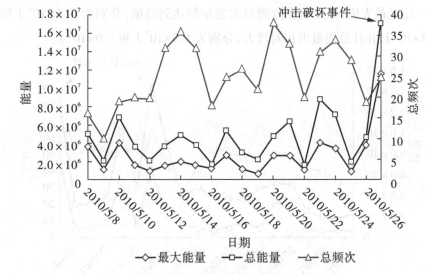

图2.24　微震监测能量和频次曲线

2.4.3 典型事件Ⅲ

2010 年 11 月 25 日 6 时 8 分,21141 工作面运输巷发生一次冲击破坏事件,微震监测能量为 4.7×10^7J(AMARIS),震级:1.8 级(KZ-301)。巷道冲击破坏事件发生时,21141 工作面回采至 885 m(推进距离为 611 m),距离发生位置 52 m。该事件造成 9 根加强梁弯曲变形,810~820 m 上帮加强横梁支柱向上帮倾斜,并有 1 根加强横梁弯曲,下帮有 3 处加强横梁托抓焊接点开裂。830~835 m 巷道变形严重,有 9 根加强梁弯曲变形。

2010 年 11 月 19 日 13 时 30 分,微震监测最大能量为 6.5×10^6 J(ARAMIS),震级:1.6 级(KZ-301),根据现场实际表现情况,发现该事件未造成巷道明显的破坏,仅局部有碎煤掉落及个别木点柱顶部开裂。

在上述两次巷道冲击事件发生前后,21141 工作面运输巷有多个巷道扩修地点正在施工。

图 2.25 为该巷道冲击破坏事件发生前 20 天内的微震监测能量和总频次曲线。从图中可以看出,未发生巷道冲击破坏事件时,微震监测最大能量曲线起伏不明显,而当巷道冲击破坏事件发生时,均存在最大能量、总能量和总频次的急剧增大现象。两次冲击破坏事件发生当天,最大能量总频次不一定是最大值,但是微震监测最大能量却达到峰值,分别为 6.5×10^6 J 和 5.4×10^6 J,并且总能量也相对较大,分别为 1.5×10^7 J 和 1.0×10^7 J。

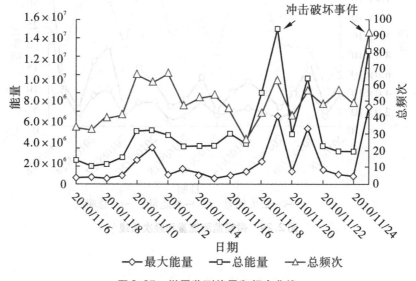

图 2.25 微震监测能量和频次曲线

2.4.4　典型事件Ⅳ

2011 年 2 月 14 日 9 时 43 分,21141 工作面运输巷发生一次冲击破坏事件,微震监测能量为 5.0×10^7 J(ARAMIS),震级:3.1 级(KZ-301)。冲击事件发生时,21141 工作面回采至 777 m(推进距离约为 700 m),距离发生位置 45 m,在 21141 工作面运输巷多个巷修地点正在施工,并且伴随有爆破作业。该事件造成转载机头外 10 m 至工作面煤壁顶底移近量为 0.3~0.5 m,转载机滚筒被压死,转载机头脱轨,转载机上回柱绞车被压死,加强横梁弯曲变形。700~726 m(综二队扩修地段)36U 型钢可缩性支架和门式支架向上帮倾斜,巷道底臌量 0.2~0.3 m,局部地段巷道高度仅为 1.2~1.3 m,660~700 m、717 m、693 m、687 m 有多根大立柱断裂,部分大立柱向上帮不同程度倾斜。

图 2.26 为该巷道冲击破坏事件发生前 20 天内的微震监测能量和总频次曲线。从图中可以明显看出,巷道冲击破坏事件发生当天,最大能量和总能量均出现急剧增大,最大能量和总能量分别达到 5.1×10^7 J 和 5.3×10^7 J,但总频次变化不明显。在巷道冲击破坏事件发生前,最大能量处于 1.1×10^6 ~5.5×10^6 J 之间,总能量变化范围 2.1×10^6 ~1.4×10^7 J。总频次曲线波动范围较大,最大频次为 69 次,最小为 33 次,而冲击破坏事件发生当天的总频次为 51 次,前一天为 45 次。

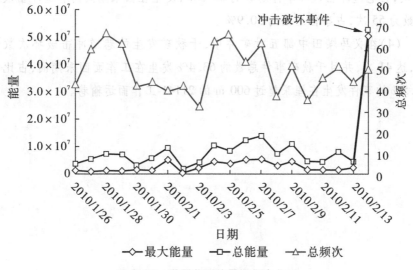

图 2.26　微震监测能量和频次曲线

　　根据上述分析,可以得出巷道冲击破坏事件与大能量事件总频次的关联性不大,与最大能量和总能量的急剧增大直接相关。

❖ 本章小结 ❖

　　本章收集并整理了义马煤田中部五对矿井的地质资料,统计了发生在2006—2015年间的108起巷道冲击破坏事件,深入分析了多起典型巷道冲击破坏事件工程特征,并结合发生在千秋矿回采巷道典型巷道冲击破坏微震监测前兆特征,总结了巷道冲击破坏的诱发因素,得到了以下主要结论:

　　(1)义马煤田煤层上覆岩层厚度大,并受到逆断层影响,使得巷道处于复杂的高应力环境中,在采掘扰动、巷道扩修、巷内爆破等因素会改变巷道围岩区域应力场,并诱发巷道冲击破坏。巷道冲击破坏特征主要表现为巷道严重底臌、两帮大幅收缩、支护体严重损毁,甚至巷道合拢等。

　　(2)通过分析巷道冲击破坏微震监测能量分布特征,发现巷道冲击破坏发生前,微震监测最大能量波动不明显,但是每次能量的急剧增大均伴随有巷道冲击破坏事件的发生。

　　(3)巷道冲击破坏多发生在工作面回采期间,发生位置埋深较大并且处于采动应力影响范围内。根据统计结果,在2006—2015年间义马煤田累计发生108次巷道冲击破坏事件,其中埋深大于600 m的巷道冲击破坏次数为90次,占巷道冲击破坏事件总数的83.3%,发生在回采期间的巷道冲击破坏次数为55次,占事件总数的50.9%。

　　(4)在义马煤田中部五对矿井中,千秋矿发生的巷道冲击破坏次数最多,达41次,并且千秋矿事件总数的63.4%发生在工作面回采期间,占比为58.5%的事件发生在埋深超过600 m的21141工作面运输巷。

不同受载状态下煤体冲击破坏能量特征

煤矿工作面开采过程中会对回采巷道产生扰动,其实质是对煤岩介质的扰动加载[19;48]。与静力加载不同,扰动加载主要特征表现在其应力及能量释放的突然性、非线性和非连续性。不同受载状态下煤体的冲击破坏特征是否相同? 若不同,区别是什么? 这些构成了不同受载状态下煤岩冲击破坏能量特征研究的关键问题。

基于上述工程背景以及大量现场反馈的巷道冲击破坏真实案例,本章以实验室试验为研究手段,研究不同受载状态下(试验中采用加载速率、围压控制)煤样试件发生冲击破坏的能量特征,分析煤样冲击破坏程度与加载条件之间的关系,有助于掌握煤样的破坏机制,还可以为外界扰动加载诱发巷道冲击破坏机理的研究提供支撑。

3.1 声发射技术研究进展

由于煤样是非均匀介质,任何煤样在宏观破坏前都会产生许多微破裂。这些微破裂会以弹性能释放的形式产生弹性波,并可被安装在一定范围内的微震传感器接收。利用多个传感器接收这种弹性波,通过反演方法就可以得到煤样内微破裂发生的时刻、位置等参数[124],这是声发射独有的特点。根据参数的变化有可能推断煤样破裂的发展趋势,从而有可能对煤样破坏及失稳的发生进行提前预报。煤样破裂的实质是煤样内部微裂隙萌生、扩展直至形成宏观裂纹的过程[124],声发射作为煤样微裂隙萌生、扩展过程的一种伴生现象,蕴含着煤样内部破坏过程的许多信息[125-126]。

声发射(acoustic emission,AE)是材料内部由于局部弹性能的快速释放而产生的瞬时弹性波,它来源于材料或结构内部的形变和损伤,煤样破裂时内部裂缝的产生与发展是良好的声发射信号源[125-126]。声发射是一种早已被人们所熟知并且常见的物理现象,长期以来,国内外学者对声发射技术进行了大量的研究[127-132],声发射技术也被越来越多地应用于各种领域[133-136]。

人类最早关于应用声发射技术的应用可追溯至公元前 265 年,古人通过声音来判定窑炉内的陶器是否完好。最早关于声发射现象的文献记载,是阿拉伯人于 1928 年关于"锡鸣"(Tin Cry)的报道,即锡在弯曲和锻造过程中发出声音的现象。

利用专用仪器对声发射现象进行研究开始于 20 世纪初期。被认为是现代声发射技术创始人的德国人 Josef Kaiser 在 1950 年就在其博士论文中对金属的声发射现象做了系统的研究工作,他发现锡、铅、铸铁和钢等多种金属在形变过程中都存在声发射现象[136-137]。Josef Kaiser 最具意义的发现在于材料形变过程中声发射的不可逆效应,即材料被重新加载期间,在应力值达到上次加载最大应力之前没有明显的声发射信号产生,人们把这种不可逆现象称为"Kaiser 效应"[136-138],此外,Josef Kaiser 还提出了突发型和连续型两种声发射信号概念。苏联列宁格勒矿业学院率先研制成功了岩体声发射检测仪,并于 1956 年利用其成功地对克里沃罗格矿区露天边坡岩体垮落进行了预报,这一成果随之引起了许多来自工业发达国家相关科技工作者的关注[139]。Tatro 首次提出声发射可以作为研究工程材料疑难行为的工具,并对声发射现象的物理机制进行了研究,此外,他还预言在材料的无损检测方面声发射技术具有独特的潜在优势。声发射技术在无损检测领域方面的应用被 Green 等人率先突破,Duncan 在压力容器缺陷检测方面也采用了声发射技术[139-140]。随后美国、日本等国家也陆续开展了声发射方面的研究,还将这一技术应用于材料工程和无损检测领域[141-144]。

20 世纪 60 年代,一些矿业比较发达的国家(例如瑞典、波兰、加拿大等)相继研制出了单通道、多通道岩体声发射监测仪,并被用于矿井局部岩体冒落以及大面积地压活动的预测预报。近年来,随着计算机技术的飞速发展和长足进步,声发射监测仪器系统在自动化监控和数据处理方面也取得了突破,声发射技术的应用领域得到了极大的拓展,具有计算机监控与数据处理的多通道声发射监测仪被许多国家成功开发并应用。

声发射技术从实验室走向生产现场得益于现代声发射仪器的成功研制。美国不仅将声发射仪器应用于矿山相关领域内,还广泛应用于航空航天容器、受压容器的安全监测及材料力学性能测试等多领域。日本将声发射仪器应用于地下裂隙扩展、地热开发及石油开采等领域。随着现代声发射监测仪器的出现,人们在声发射源机制、波的传播规律、声发射信号分析方法等方面开展了广泛而系统的研究[145-146]。声发射技术在生产现场中得到了大量推广和应用,受载条件下构件中声发射试验标准陆续在各国颁布实施[147-149]。

虽然我国在声发射技术研究、设备研发与应用方面的起步较晚,但是近些年许多专家、学者开展了大量的研究工作,声发射技术的应用范围也越来越大[150-155]。目前声发射技术已被广泛应用于材料(如复合材料、金属材料、陶瓷材料等)、结构(如混凝土结构、金属结构等)的缺陷检测,另外在机械加工、医疗设备、焊接控制以及核工业领域也有大量应用[156-158]。

在采矿工程领域,声发射技术的应用也很广泛,并且在煤岩受载破坏、瓦斯与声发射特征的相关性等方面取得了丰硕的研究成果[159]。赵阳升等[160]开展了高温条件下岩石破坏声发射特征试验,并对岩石破坏与渗透性之间的关联性进行了研究;王德咏、徐小丽、武晋文、张渊等[161-167]在分析高温作用后的受载岩石的声发射特征,得出了岩石受载破裂规律。武玉梁等[168]利用声发射技术对煤与瓦斯突出损伤演化机制进行了深入研究。唐书恒等[176]饱和含水煤岩进行了单轴压缩实验,并研究了其声发射的特性。曹树刚、赵毅鑫、左建平、来兴平、窦林名等[177-184]对煤岩冲击破坏、突出煤体变形、顶板脆性失稳等过程中的声发射特征进行了研究,并取得了显著的成果。秦四清等[185]对煤柱-顶板系统的协同作用效果进行了大量的实验研究,得出了其非线性演化与脆性失稳的机理。陈霞、肖迎春[186]为分析层压板压缩破坏的机理,使用了含冲击损伤的复合材料进行了声发射特征实验。张东明等[187]通过含层理及均质岩石试件单轴压缩实验和 CT 层析扫描测试,分析了含层理岩石破坏特征,损伤演化过程中的声发射参数特征、能量耗散与传递规律。蔡美峰、李夕兵、冯夏庭等[188-202]研究了岩石破坏过程中的声发射特征。

声发射信号分析和处理方法的不断改进促进着声发射技术的发展和推广。传统的分析方法有频谱分析法和声发射信号参数分析法,近年来又相继出现了小波分析法、神经网络法和傅里叶变换法等新的声发射信号分析和处理技术[203-207]。李录平、邹新元、唐月清[208]通过小波变换处理声发射信号,使得声发射信号特征参数检测的可靠性得到大幅提高;也有学者为了获取砂岩声发射信号的不同频带能量的分布情况,开展了单轴加载条件下岩石破坏试验,并通过参数法确定了 Kaiser 点,并利用小波包频带分解法分析了岩石破坏过程中声发射 Kaiser 点信号的能量分布特征[208-209]。微破裂释放的声发射能量正比于裂纹扩展新增加的表面能,并且声发射能量与裂纹扩展尺度成正比,张晖辉等研究发现片麻岩中存在类似的能量加速释放现象[210-211]。

综上所述,声发射技术在巷道顶板、矿柱及边坡稳定监控等方面得到了广泛应用,相对于单轴压缩,三轴压缩条件下岩石损伤破坏过程中声发射特征的研究较少,因此,本章研究三轴压缩条件下煤体冲击破坏声发射信号的能量特征。

3.2　不同受载状态下煤体冲击破坏试验设计

3.2.1　试验方案

煤岩体的受载状态会受到工作面推进速度的影响。近年来,许多专家学者在综放工作面推进速度对围岩应力分布规律的影响方面开展了大量研究。王金安等人认为,地下开采对开采体是卸载过程,反过来也是对周围岩体的加载过程。单位时间内开采截深增加必然导致周围岩体的单位时间内加卸载活动更加剧烈,可以认为对周围岩体的加载速率增大[212]。刘金海等[213]研究认为煤层内的弹性能与工作面推进速度正相关,工作面高速推进、非匀速推进均容易诱发冲击巷道冲击破坏。谢广祥等[214]认为工作面推进速度的加快会造成超前支承压力增大,并且产生的扰动作用可能诱发冲击破坏等动力灾害。

因此,根据义马煤田中部五对矿井的实际开采情况,并考虑煤体和煤样试件性质的差异以及煤样试件峰后声发射特征,同时结合以往经验,在较高的加载速率下,试件会瞬间破坏,难以采集数据,故为了模拟不同程度的外界扰动,加载速率选取 0.05 mm/min、0.3 mm/min、1 mm/min,围压选取 2 MPa、5 MPa、8 MPa。在试验过程中,首先将围压缓慢加载到设置水平,然后分别按设定的位移加载速率进行加载,并记录加载过程中的声发射特征(表3.1)。

表 3.1　试验加载方案

加载速率 /(mm·min⁻¹)	1	0.3	0.05	1	0.3	0.05	1	0.3	0.05
围压/MPa	2	2	2	5	5	5	8	8	8

3.2.2　试件的采集及制备

试验煤块取自位于义马煤田中部的常村矿21170工作面,采集地点为该工作面推进至193 m处的煤壁(如图3.1所示)。21170工作面埋深约690 m,与千秋矿21141工作面的埋深(684 m)极为接近,煤层顶板44 m以上为厚度约600 m的巨厚砾岩。

煤块在21170工作面采集完毕后,为了防止煤块风化、吸水等因素造成的物理力学性质弱化,立即用塑料薄膜和胶带包好,并且为保证其原有结构,在煤块运输过程中,做到轻拿轻放,防止煤块发生磕碰而萌生裂纹。

图3.1　取样地点

选取致密性较好且无明显裂隙发育的大块原煤[图3.2(a)],按照岩石力学试验标准,首先利用取芯钻机[图3.2(b)]采取湿式加工法钻取直径为50 mm的圆柱体,然后利用岩石切割机将钻取的圆柱体截锯成高度为100 mm的规则煤样试件,最后采用双端面磨石机[图3.2(c)]打磨试件,确保试件两端的不平行度小于0.01 mm,断面与轴线不垂直度范围为±0.15°。图3.3为加工的部分试件。

（a）现场煤块

（b）取芯钻机

（c）双端面磨石机

图3.2　煤样采集及试件制备

图3.3　加工的部分试件

　　为了确保试验煤样的端面精度满足要求,对试验煤样的端面平整性进行分析,并测定试件的高度、直径、质量等参数(如表3.2所示),同时需要对试验煤样实施超声波速测定。经过测定分析,所有试验煤样的离散性满足本试验要求。

表 3.2　部分试件的基本参数

编号	高度/mm	直径/mm	质量/g	体积/cm³	密度/(g·cm⁻³)
1	99.22	50.16	285.39	195.97	1.46
2	99.06	50.14	271.15	195.50	1.39
3	99.36	50.24	291.19	196.87	1.43
4	99.36	50.24	290.15	196.87	1.47
5	99.10	50.20	281.60	196.04	1.44
6	99.38	50.26	281.82	197.07	1.48
7	99.46	50.26	287.62	197.23	1.46
8	99.10	50.18	283.13	195.89	1.45
9	99.30	50.28	281.82	197.06	1.43

3.2.3　试验系统

本次试验的加载系统选用煤炭资源高效开采与洁净利用国家重点实验室(煤炭科学技术研究院有限公司安全分院)引进的 TAW-2000 微机控制高温三轴伺服试验机,该系统可进行单轴压缩试验、三轴压缩试验、恒围压下的三轴压缩试验、多级围压下的各种程序试验和煤岩孔隙水试验。系统额定承载能力 2000 kN,误差 ≤20 N,自平衡压力时的最大围压(侧向)为100 MPa,测量误差 ≤±2%,能够满足本试验中对煤体试件的加载条件要求。

声发射信息采集系统选用德国 Vallen 公司 AMSY-6 声发射系统。该系统能够同时采集参数和波形,也可以通过主机箱前面板上的开关,只采集声发射参数和声发射波形,很方便地实现对这两种采集方式的转换或叠加。同时,该系统还具有 $1.6×10^3 \sim 2.4×10^6$ Hz 的频率范围,波形采样率高达10 MHz,每个声发射通道采集速度超过 15 000 Hits/秒,波形 8000 个/秒,连续传输速度(DMA-数据直接存储器存取)不低于每秒 40 000 Hits 和 2.5 M波形。整个系统结构由声发射主机箱、声发射采集卡、滤波器组块、波形处理组块、传感器、数据传输线和计算机等组成,并配套有采集软件和分析软件,可实现信号采集及转换、数据存储及空间定位等功能。

经环境噪声测试,将本试验中声发射系统门槛值设定为 40 dB,谐振频率为 20～80 kHz,采样频率为 10 MHz,声发射信号采集选用 4 个传感器控制,其中 1、2 号传感器布置于距离试件底端 10 mm 处,传感器呈对角布置;3、4 号传感器布置于距离试件顶端 10 mm 处,也呈对角布置。根据试验设备的具体情况,为了增强传感器与试件之间的耦合效果,采用黄油作为传感器耦合剂,将传感器安装在油缸表面,并用胶带进行固定,以尽量减少声发射信号的衰减。试验加载系统及声发射测试系统如图 3.4 所示。

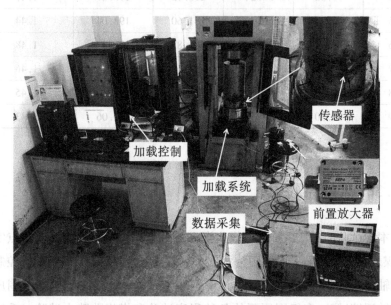

图 3.4 TAW-2000 试验机及声发射测试系统

3.3 不同受载状态下煤体冲击破坏声发射信号特征参数分析

3.3.1 声发射信号的振铃计数分析

图 3.5～3.7 为试件在三轴压缩过程中的声发射信号的振铃计数(4 个探头的总计数量,下同)以及轴向应力随时间的变化曲线。

整体来讲,不同加载条件下,在三轴压缩过程中试件的声发射振铃计数随时间的变化经历了三个阶段,即静默期,爆发期和峰后释放期。与受载试件的压密阶段及弹性阶段相对应的是静默期,在该时期试件内的原生裂隙闭合并发生弹性变形,整体的声发射信号的振铃计数较少,由压力机输入的能量大部分转化为试件的弹性能,能量耗散及能量释放作用比较微弱。受载试件裂纹扩展阶段和应力跌落阶段为爆发期,在该时期试件内的原生裂纹扩展、贯通并逐步形成宏观裂纹,声发射信号的振铃计数呈现爆发式增长,储存在试件中的弹性能得到稳定释放,在试件达到峰值应力时,声发射信号的振铃计数也达到最大值。煤样应力跌落后的阶段对应的是峰后释放期,该时期处于加载过程的末期,持续时间较短,在这一时期声发射信号的振铃计数会随着应力的跌落而减弱甚至消失。

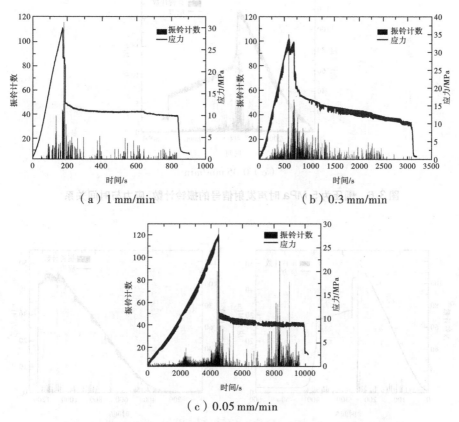

（a）1 mm/min

（b）0.3 mm/min

（c）0.05 mm/min

图 3.5　围压为 2 MPa 时声发射信号的振铃计数、应力与时间关系

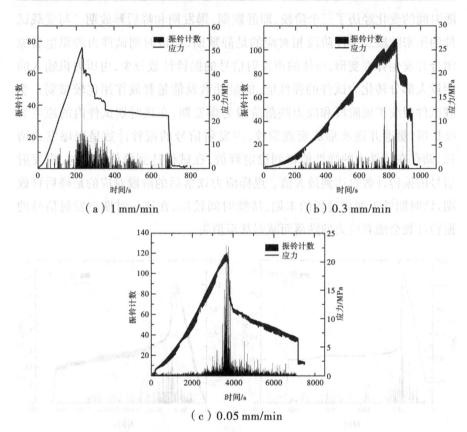

（a）1 mm/min　　　　　　　　（b）0.3 mm/min

（c）0.05 mm/min

图 3.6　围压为 5 MPa 时声发射信号的振铃计数、应力与时间关系

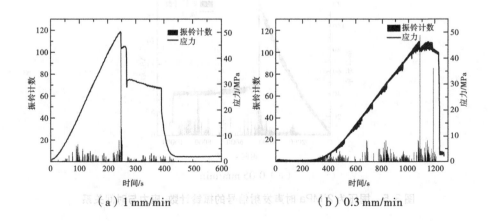

（a）1 mm/min　　　　　　　　（b）0.3 mm/min

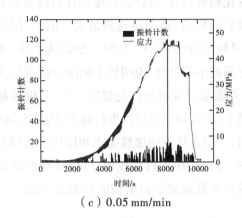

（c）0.05 mm/min

图 3.7　围压为 8 MPa 时声发射信号的振铃计数、应力与时间关系

对比不同加载条件下三组试件的声发射振铃计数特征，可以发现：第一，在相同围压条件下，随着加载速率的减小，爆发期的持续时间不断增加。第二，在三种不同围压条件下，加载速率为 0.3 mm/min 时，应力达到峰值后发生跌落，随着加载的持续进行，应力又发生明显增加，最近值接近甚至超过前一峰值，而加载速率为 1 mm/min 和 0.05 mm/min 均没有这一现象。分析认为，可能是因为试件内部形成宏观裂纹后，整体结构没有破坏，并在围压作用下承载力得到恢复。第三，当加载速率为 1 mm/min 时，随着围压的增大，静默期持续时间较为接近，爆发期的持续时间却逐渐减小。当加载速率为 0.3 mm/min 时，随着围压的增大，静默期持续时间逐渐增加，而当加载速率为 0.05 mm/min 时，围压为 2 MPa 和 5 MPa、轴向应力加载 4000 s 左右时达到振铃计数峰值，这一用时长度约是围压为 8 MPa 时达到峰值所需时间的一半。这表明围压越大，相应的轴压与围压的比值就越小，试件发生破裂所需要的时间越长，加载速率（推进速度）越小，试件发生破裂所需要的时间也越长。

3.3.2　声发射信号的能量特征分析

图 3.8 ~ 3.10 为试件在三轴压缩过程中的声发射信号的能量以及轴向应力随时间的变化曲线。

结合声发射振铃计数、应力与时间的关系，从整体上看，首先，能量与声发射振铃计数的变化趋势具有一致性,在振铃计数爆发期的能量较大,并且在振铃计数达到峰值的同时,能量也达到最大。第二,围压相同时,随着加载速率的减小,能量峰值逐渐减小。在同一加载速率下,随着围压的增加,能量峰值也具有逐渐减小的趋势,说明较小的围压或者较大的加载速率(推进速度)都有利于大能量声发射事件的爆发。第三,围压越大,相应的轴压与围压的比值就越小,声发射三维定位事件越少,能量也越小。

由此可以得出,一定条件下的加载速率和围压能够诱发大能量事件,并导致试件冲击破坏。因此,在工程实践中,可以从降低推进速度、调控巷道围岩区域应力场的水平载荷和竖向载荷的比值等方面入手,实现巷道冲击破坏的有效防控。

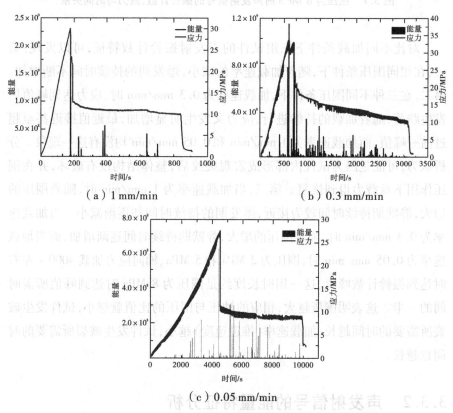

(a) 1 mm/min

(b) 0.3 mm/min

(c) 0.05 mm/min

图 3.8　围压为 2 MPa 时声发射信号的能量、应力与时间关系

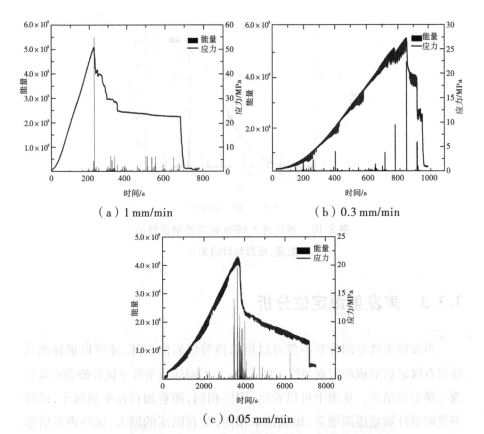

（a）1 mm/min　　　　　　　　（b）0.3 mm/min

（c）0.05 mm/min

图 3.9　围压为 5 MPa 时声发射信号的能量、应力与时间关系

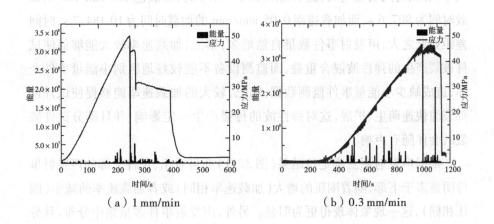

（a）1 mm/min　　　　　　　　（b）0.3 mm/min

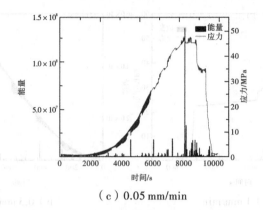

（c）0.05 mm/min

图 3.10　围压为 8 MPa 时声发射信号的
能量、应力与时间关系

3.3.3　声发射源定位分析

声发射事件空间分布不仅可以用来预警煤岩的破坏,还可以很好地描述岩石煤岩后形成的宏观裂纹。图 3.11 为不同加载条件下试件破裂声发射源三维定位结果。从图中可以看出,围压相同,随着加载速率的减小,试件声发射事件数量逐渐增多;加载速率相同,随着围压的增大,试件声发射事件数量逐渐减少。这样的结论是符合实际的。理由如下:首先,加载速率的减小,加载时间明显增大,比如当围压为 2 MPa 时,加载速率 1 mm/min 的加载时间为 907.6 s,而加载速率 0.05 mm/min 的加载时间为 10 184.7 s,时间差距如此之大,声发射事件数量自然增多;第二,加载速率较大能够促使试件破裂产生的弹性波混合重叠,而监测设备不能较好地区别小能量事件个体,造成缺少小能量事件监测数据;第三,较大的加载速率能够促使试件内部裂隙快速萌生、扩展,这对弹性波的传播产生一定影响,并且部分试件破裂时会伴随有声响。

根据声发射源三维定位结果(图 3.11)亦可看出,试件上部的声发射事件明显多于下部,随着围压的增大(加载速率相同)或者加载速率的减小(围压相同),这一现象体现得更为明显。另外,声发射事件多呈集中分布,且分布于试件上下端面对角线的一侧,围压越大,这一集中分布现象越明显,在试件冲击破坏特征分析中将继续研究此特征。

围压/MPa	加载速率/(mm·min⁻¹)		
	1	0.3	0.05

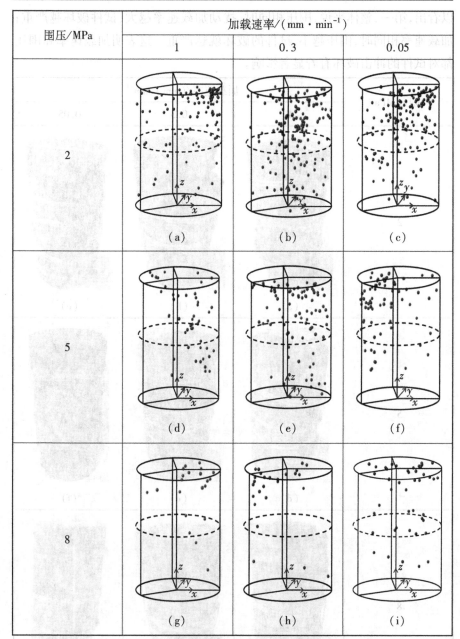

图3.11 不同加载条件下声发射源三维定位

3.3.4 试件冲击破坏特征

不同加载条件下的试件冲击破坏图片如图 3.12 所示。从图 3.12 中可以看出,第一,整体来说,围压相同时,扰动加载速率越大,试件破坏越严重;加载速率相同时,围压越小,试件的破坏就越严重。这表明加载速率和围压都对试件的冲击破坏有着显著影响。

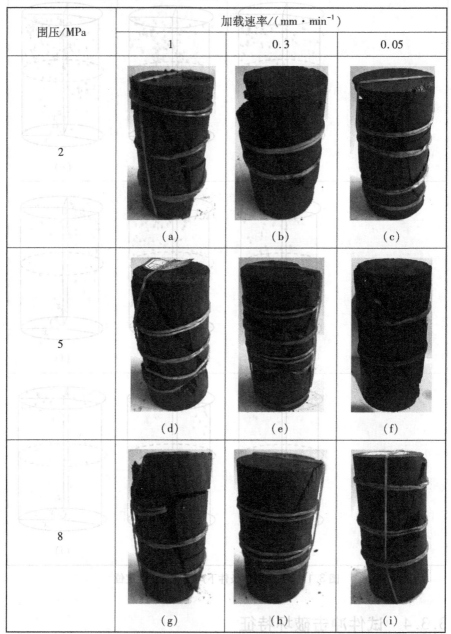

围压/MPa	加载速率/(mm·min⁻¹)		
	1	0.3	0.05
2	(a)	(b)	(c)
5	(d)	(e)	(f)
8	(g)	(h)	(i)

图 3.12 不同加载条件下试件冲击破坏特征

第二,当围压为 8 MPa 时,试件的底部的破坏范围相对较小,随着围压的减小,试件的破坏范围逐渐扩大并逐步向底部延伸。当围压为 2 MPa 时,试件断裂面和上下端面对角线较为接近,这一点与声发射源定位结果一致。

当工作面开采、顶板来压等外界扰动产生的应力波接触到煤体时,作为一种原生裂隙发育的材料,煤体内裂隙的尖端应力升高,这一应力还将促使原生裂隙发生扩展或分叉从而形成新裂隙,并且新裂隙也会发生扩展或分叉。但由于新裂隙的扩展或分叉滞后于原生裂隙,这会导致整个试件或煤体内部的区域应力场分布不均匀,裂纹将持续扩展,最终裂隙贯通并形成宏观裂纹,部分破碎的煤体被抛出并伴随有声响产生。

❖ 本章小结 ❖

以义马煤田煤样为研究对象,将试验煤块进行了采集加工,分析了三轴压缩条件下试件的声发射信号特征。主要结论如下:

(1)不同受载状态下,在三轴压缩过程中试件的声发射信号随时间的变化经历了三个阶段,即静默期、爆发期和峰后释放期。在静默期试件内的原生裂隙闭合并发生弹性变形,整体的声发射振铃计数和能量均较少,压力机输入的能量大部分转化为试件的弹性能;在爆发期试件内的原生裂纹扩展、贯通,逐步形成宏观裂纹,声发射振铃计数和能量释放呈现爆发式增长,在试件达到峰值应力时,声发射振铃计数和能量释放也达到最大值;峰后释放期内随着应力的跌落声发射信号亦随之减弱甚至消失。

(2)加载速率和围压都对试件的冲击破坏有着显著影响。围压相同,随着加载速率的增大,试件声发射事件数量逐渐减少,能量峰值逐渐增大,试件破坏越严重;加载速率相同,随着围压的减小,试件声发射事件数量逐渐增多,能量峰值也具有逐渐增大的趋势,试件的破坏程度也越严重,并且试件上部的声发射事件明显多于下部。

(3)一定条件下的加载速率和围压均能诱发大能量事件,并导致试件发生冲击破坏。因此,在工程实践中,可以从控制推进速度、调控巷道围岩区域应力场等方面入手,实现巷道冲击破坏的有效防控。

4

巨厚砾岩下回采巷道塑性区时空演化规律

理论研究和现场实践均表明,采动应力集中是诱发巷道冲击破坏、煤与瓦斯突出等动力灾害的主要原因之一[215-216]。掌握煤层开采引起的采动应力场特征以及回采巷道塑性区演化规律,尤其是在特殊地质条件下(如巨厚砾岩层下),可以为煤岩动力灾害防控、开采方案设计等提供理论依据,对矿井实现安全高效生产具有重大意义。

由前文研究可知,发生在义马煤田千秋矿21141工作面运输巷的冲击破坏次数最多。因此,本章以千秋矿为背景,研究采动应力场特征,并分析在采动应力影响下回采巷道塑性区形态特征的时空演化规律。

4.1 采动应力影响因素

在煤岩体中进行巷道开挖及工作面回采时,会引起煤岩体中原岩应力的重新分布,这种重新分布的应力称为采动应力。煤岩体中的原岩应力重新分布后,会使得回采工作面周边煤岩体出现应力集中,工作面周边形成的采动应力是工作面上覆岩层形成不同的承载结构及动态调整的综合体现[217],采动空间垂直方向应力分布如图4.1所示。

由于地质条件、采掘活动等因素的不同,原岩应力的扰动程度也有较大的区别,即采动应力分布有明显的差异性,一方面会产生比原岩应力高的压力区,即增压区,也就是通常所说的支承压力区,在增压区内采动应力可达原岩应力的数倍;另一方面会产生比原岩应力小的压力区,即减压区。在受到相邻采空区的叠加影响后,采动应力在工作面回采空间的影响距离、应力集中程度等分布规律也会发生变化。

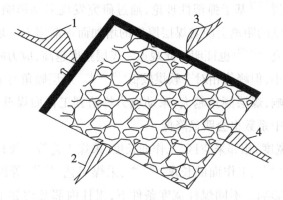

1—工作面超前支承压力分布;2,3—工作面倾斜和仰斜
方向固定支承压力分布;4—工作面后方采空区支承压
力分布

图 4.1 采动空间垂直方向应力分布

由于采动应力是原岩应力受到采动影响后重新分布的结果,因此,采动应力的大小和方向处于非稳定的状态。影响采动应力的主要因素有:原岩应力、关键层、煤层赋存条件等[218]。

(1)原岩应力。在未受到采动影响时,原岩应力的大小和方向仅受上覆岩层自重、地质构造等因素的影响,在短时间内煤岩体的应力状态是稳定的。在巷道开挖、工作面回采等影响打破了煤岩体内原岩应力的平衡状态,重新分布后垂直方向的采动应力峰值能够达到原岩应力的 2~5 倍。当采动应力超过煤岩体的极限强度时,采掘工作面周围煤岩体将会发生破坏,并导致巷道围岩大变形、冒顶、底臌、支架折损、煤壁片帮等矿山压力显现,也可能诱发巷道冲击破坏、煤与瓦斯突出等煤岩动力灾害。

(2)关键层。从切眼开始,回采工作面前方煤体内的垂直应力随着工作面推进距离的增加而逐渐增大。在没有关键层的条件下,回采工作面前方煤体内的垂直应力会以极快速度达到最大值,当初次来压过后,垂直应力峰值会明显降低。而存在关键层时,垂直应力最大值将明显大于无关键层时垂直应力最大值。在关键层断裂前,垂直应力增长速度较慢,关键层断裂后,垂直应力降低速度却大于无关键层时垂直应力降低速度。当关键层为巨厚岩层(如砾岩、火成岩等)时,关键层会形成"悬而不垮"状态,并造成工作面前方出现较高的应力集中[219],或者产生较大的采动应力影响范围[220]、初次破断距和悬臂梁周期破断距[221]。

靳钟铭教授[222]基于弹塑性理论,通过研究发现采动影响范围、应力峰值到工作面煤壁的距离会随着煤层厚度的增加而逐渐增大。现场实测和相似模拟实验研究[223-227]也证明了此观点。煤层强度越高,应力峰值到工作面煤壁的距离越小,但峰值相对于软煤较低[228-230]。煤层倾角对采动应力也有较为显著的影响,煤层倾角越大,采动应力峰值到工作面煤壁的距离越小,上下侧应力集中系数也会明显降低。

(3)煤柱宽度、相邻采空区、工作面长度、采煤工艺等。煤柱宽度[231]、相邻采空区[228,232-233]、工作面的长度[234-236]、采煤工艺[237-238]等因素对采动应力也有显著的影响。不同煤柱宽度条件下,煤柱内部及相邻工作面前方煤岩体内采动应力分布规律也会有很大不同,相邻工作面前方煤岩体内的垂直应力随着煤柱宽度的增加而逐渐减小,煤柱内部垂直应力则随着煤柱宽度的增加有增大的趋势,当煤柱宽度增加到一定程度时,煤柱内部应力大小趋于稳定。

相邻采空区会对工作面空间垂直应力产生叠加,并在工作面实体煤两侧产生小的应力峰值。工作面前方煤岩体内垂直应力峰值到两侧的距离随着工作面长度的增加而逐渐增大,而在采空区,此垂直峰值则向工作面长度方向的两侧转移,并且采动应力影响范围也将减小。放顶煤开采工作面前方采动应力集中系数大于保护层开采,但小于无煤柱开采工作面前方采动应力集中系数。

此外,工作面推进速度不同,围岩加卸载速率、围岩应力转移程度、煤岩变形及应力分布等均有明显差异。但是,推进速度与采动空间内煤岩塑性破坏范围、应力影响范围、应力集中程度及其变化速率之间的量化关系尚难以确定。因此,可根据现场具体情况确定合理的推进速度,以减少因推进速度过快而引发的煤岩冲击动力灾害事故[239-243]。

放顶煤采煤法是我国目前使用的主要采煤方法之一,具有开采效率高等诸多优点。这种采煤法的实质是在开采厚煤层时,沿煤层的底部布置一个采高为2~3 m、用综合机械化等常规方法进行回采的长壁工作面,在矿山压力的作用下或辅以人工松动方法(如爆破等),使得支架上方的顶煤破碎成散体并经由支架后方或上方的"放煤口"放出,然后利用刮板运输机运出工作面。根据煤层赋存条件,放顶煤长壁采煤法可分为一次采全厚放顶煤开采、预采顶分层网下放顶煤开采和倾斜分段放顶煤开采[244]。一次采全厚放顶煤开采沿煤层底板布置机采工作面,可以一次采出原来需多次才能采出的厚煤层,如图4.2所示。

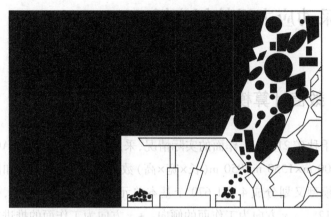

图4.2 放顶煤采煤法示意图

煤层的采出必然造成煤壁前方产生应力集中,即形成支承压力[244]。长期以来,采煤工作面周围尤其是工作面前方支承压力分布规律的研究一直是采矿工程学科研究的核心内容,也是工作面顶板控制和顶板管理的基础[238]。

与厚煤层分层开采相比,放顶煤开采对工作面采场围岩的扰动范围大,超前支承压力峰值位置前移,且应力集中系数较高,可达 $2.0 \sim 3.5$[229,238]。放顶煤开采条件下工作面前方煤体应力环境如图4.3所示。

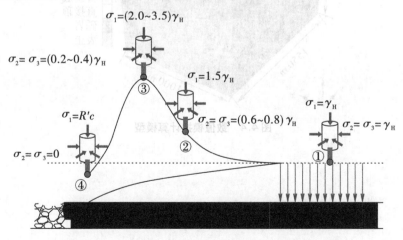

图4.3 放顶煤开采条件下工作面前方煤体应力环境

4.2 采动应力场特征分析

4.2.1 数值计算模型建立

根据千秋矿 21141 工作面的实际情况,采用数值模拟软件 FLAC3D 建立尺寸为 1000 m×1550 m×950 m(长×宽×高)数值模拟计算模型,如图 4.4 所示。整个模型又划分成 4 481 670 个基本单元,4 589 116 个节点,模型中煤层倾角为 12°, +x 方向为工作面的倾向, +y 方向为工作面的推进方向, +z 方向为垂直向上。根据现场地应力测量结果,最大水平主应力、最小水平主应力和垂直主应力分别为 19.5 MPa、10.0 MPa 和 17.9 MPa[48];模型四周边界均限定 x 方向位移,模型底部边界限定 x、y 方向位置,上部边界为地表,故无边界条件限制,模型仅受重力作用,如图 4.5 所示。

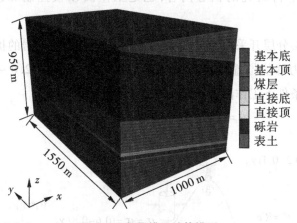

基本底
基本顶
煤层
直接底
直接顶
砾岩
表土

图 4.4 数值模拟计算模型

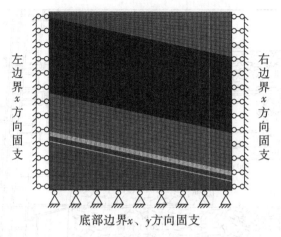

左边界 x 方向固支

右边界 x 方向固支

底部边界 x、y 方向固支

图4.5 数值模拟计算模型初始条件

由于 Mohr-Coulomb 强度准则能够反映岩土材料对静水压力的敏感性及其抗压强度的强度差异效应,是目前应用最广泛的岩石破坏准则,可用于本书研究问题的求解。其表达式为:

$$\sigma_1 = 2C\sqrt{\frac{1+\sin\varphi}{1-\sin\varphi}} + \frac{1+\sin\varphi}{1-\sin\varphi}\sigma_3 \tag{4.1}$$

式中　C——黏聚力,MPa;

φ——内摩擦角,(°);

σ_1——最大主应力,MPa;

σ_3——最小主应力,MPa。

当岩性(黏聚力 C、内摩擦角 φ)确定时,最大主应力 σ_1 和最小主应力 σ_3 决定了岩石的破坏情况。

所以数值计算模型采用 Mohr-Coulomb 破坏准则,采空部分采用零单元模拟,模型初始位移和速度均按零计算。

结合千秋矿现场工作面实际尺寸和开采情况,在进行数值模拟计算时,工作面的模拟开采过程为:开采 21101 工作面→开采 21121 工作面→开采 21181 工作面→开采 21201 工作面→开采 21141 工作面,如图 4.6 所示。

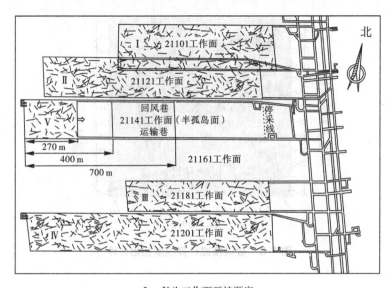

I ～ V为工作面开挖顺序

图4.6 数值模拟计算中工作面开挖顺序示意图

根据煤岩力学性能测试结果以及矿井地质资料等,确定了数值模拟计算中各煤岩层的物理力学参数,详见表4.1。

表4.1 数值计算模型中岩层物理力学参数

岩性	密度/(kg/m³)	抗拉强度/MPa	体积模量/GPa	剪切模量/GPa	黏聚力/MPa	内摩擦角/(°)
砾岩	2680	3.59	8.35	9.56	13.5	29.6
泥岩	2553	2.61	8.17	7.68	5.3	26.5
二煤	1400	0.75	2.46	1.77	3.0	25.1
细砂岩	2720	5.56	8.65	9.56	16.5	32.8

义马煤田煤层顶板广泛分布的巨厚砾岩完整性好、岩性坚硬、抗变形能力强,采后顶板不易垮落沉降,容易导致大面积悬顶,不但造成采空区周边煤体应力集中,而且形成顶板弯曲弹性能。千秋矿顶板砾岩厚度超过了600 m,工作面开采后地表沉降量(平均1.54 m)和沉降系数(平均0.34)均较小[245]。因此,在进行数值模拟计算时,工作面开挖后,不考虑采空区垮落带岩体力学特性对采动应力场的影响。

4.2.2　采动应力场特征

由于千秋矿21141工作面运输巷处于21141工作面与未开采的21161工作面形成倾向长度为270 m的孤岛中间、上覆岩层为巨厚砾岩,并且发生在该巷道内的冲击破坏次数最多,根据现场反馈的具体情况以及典型冲击破坏事件发生位置,巷道冲击破坏多集中在工作面推进距离大约为270 m(二次见方)、400 m(三次见方)和700 m(半孤岛区域)时。因此,本节利用FLAC3D数值模拟软件分析工作面推进距离分别为270 m、400 m和700 m时的主应力大小、方向特征。

4.2.2.1　工作面推进270 m时应力场特征

当工作面推进距离为270 m时,沿21141工作面运输巷轴向提取工作面前方100 m范围的最大主应力P_1、最小主应力P_3,及最大主应力与x轴的夹角,可以得到如图4.7所示曲线。

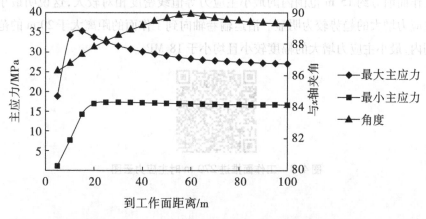

图4.7　工作面推进270 m时沿巷道轴向主应力以及最大主应力与x轴夹角曲线

由图4.7可以看出,21141工作面推进270 m时,随着到工作面距离的增大,最大主应力呈现先急剧增大后逐渐减小的趋势,并且减小的幅度越来越小。到工作面的距离均为15 m处最大主应力达到最大值,为35.28 MPa。而最小主应力在距离工作面15 m处为14.21 MPa,最大主应力是其2.48倍,在距离25 m处最小主应力达到最大值,为17.33 MPa,然后随着到工面距离的增大而缓慢减小,并且减小的幅度小于最大主应力。

工作面回采不仅会改变工作面前方巷道围岩的主应力大小,还会导致主应力方向发生偏转。从图中还可以看出,随着到工作面距离的增加,沿着巷道轴向最大主应力方向与 x 轴夹角呈现先增大后减小的趋势,并且夹角增大的速度大于距离工作面较远处减小的速度,在距离工作面 5 m 处最大主应力方向与 x 轴夹角为 86.36°,在距离为 60 m 处达到最大,夹角为 89.45°。

图 4.8 为 21141 工作面推进 270 m 时的主应力云图。从图 4.8(a)中可以看出,随着到工作面距离的增大,最大主应力等值线密度逐渐减小,并且等值线近似呈"L"形分布特征,并且在 21141 工作面前方与 21121 工作面采空区相衔接的拐角处形成了应力集中"三角区",该"三角区"最大主应力等值线密度和主应力大小均明显高于其他区域。沿着 21141 工作面运输巷轴向,最大主应力逐渐减小,在距离工作面 30 m 处的最大主应力约为 32 MPa,距离约 40 m 处的最大主应力为 30 MPa,距离为 65 m 处约为 28 MPa。

图 4.8(b)为 21141 工作面推进 270 m 时的最小主应力云图,从图中可以看出,在工作面前方,随着到工作面距离的增大,最小主应力逐渐增大,在工作面前方约 15 m 范围内的最小主应力等值线密度相对较大,这说明最小主应力增大的趋势较为明显。沿运输巷轴向到工作面的距离大于 20 m 的范围内,最小主应力增大的幅度较小且均小于 18 MPa。

图 4.8　工作面推进 270 m 时主应力云图

4.2.2.2　工作面推进 400 m 时应力场特征

图 4.9 为工作面推进 400 m 时,沿 21141 工作面运输巷轴向提取的工作面前方 100 m 范围的最大主应力、最小主应力以及最大主应力与 x 轴的夹角。从图中可以看出,工作面推进 400 m 时,最大主应力分布特征与工作面推进 270 m 时类似,随着到工作面距离的增大,沿回采巷道轴向最大主应力也呈现先急剧增大后逐渐减小的趋势,减小的幅度越来越小,并且峰值位置到工作面的距离也是 15 m,其大小为 38.03 MPa。而最小主应力在距离工作

面 15 m 处为 14.87 MPa,最大主应力是其 2.56 倍,在距离 25 m 处最小主应力达到最大值,为 18.11 MPa,然后随着到工作面距离的增大而缓慢减小,并且减小的幅度小于最大主应力。

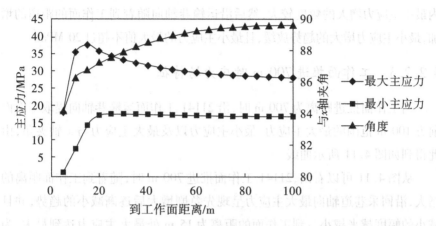

图 4.9　工作面推进 400 m 时沿巷道轴向主应力以及最大主应力与 x 轴夹角曲线

从图 4.9 中还可以看出,随着到工作面距离的增加,沿着巷道轴向最大主应力方向与 x 轴夹角逐渐增大,但是增速逐渐放缓。距离工作面 5 m 处最大主应力方向与 x 轴夹角为 84.12°,在距离为 100 m 处增大至 89.69°。

图 4.10 为 21141 工作面推进 400 m 时主应力云图。从图 4.10(a)中可以看出,与工作面推进 270 m 时类似,工作面前方靠近回风巷一侧最大主应力等值线密度大于运输巷一侧,并且 21141 工作面前方与 21121 工作面采空区相衔接的拐角处也形成了最大主应力等值线密度和峰值均明显高于其他区域的应力集中"三角区"。21141 工作面前方最大主应力不小于 30 MPa时,其等值线近似呈"L"形分布,而最大主应力为 28 MPa 的等值线近似呈"U"形分布。最大主应力随着到工作面距离的增加而逐渐减小,其中在距离工作面约 20 m 处的最大主应力为 36 MPa,距离为 40 m 处最大主应力约为 32 MPa,距离为 60 m 处减小至 30 MPa 左右。

图 4.10　工作面推进 400 m 时主应力云图

图 4.10(b)为 21141 工作面推进 400 m 时的最小主应力云图,从图中可以看出,在工作面前方,最小主应力随着到工作面距离的增大而逐渐增大,并且在工作面前方约 15 m 范围内的最小主应力等值线密度相对较大,表明该区域内最小主应力增大的幅度较大,然后沿运输巷轴向随着到工作面的距离的增加,最小主应力增大的趋势放缓,且最小主应力的最大值不超过 20 MPa。

4.2.2.3 工作面推进 700 m 时应力场特征

当工作面推进距离为 700 m 时,沿 21141 工作面运输巷轴向提取工作面前方 100 m 范围的最大主应力、最小主应力以及最大主应力与 x 轴夹角,由此得到如图 4.11 所示曲线。

从图 4.11 可以看出,21141 工作面推进 700 m 时,随着到工作面距离的增大,沿回采巷道轴向最大主应力呈现先急剧增大后逐渐减小的趋势,并且减小的幅度越来越小。到工作面的距离为 15 m 处最大主应力达到最大,为43.49 MPa。而最小主应力在距离工作面 15 m 处为 15.86 MPa,最大主应力是其 2.74 倍,在距离 25 m 处最小主应力达到最大值,为 19.66 MPa,然后随着到工作面距离的增大而缓慢减小,并且减小的幅度也小于最大主应力。

随着到工作面距离的增加,沿着回采巷道轴向最大主应力方向与 x 轴夹角逐渐增大,到工作面距离超过 15 m 后增速放缓。距离工作面 5 m 处最大主应力方向与 x 轴夹角为 81.82°,在距离为 100 m 处增大至 89.24°。

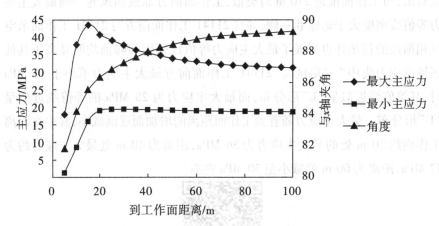

图 4.11　工作面推进 700 m 时沿巷道轴向主应力以及最大主应力与 x 轴夹角曲线

　　图4.12为21141工作面推进700 m时主应力云图。从图4.12(a)中可以看出,在21141工作面前方与21121工作面采空区相衔接的拐角处也形成了应力集中"三角区",该"三角区"最大主应力等值线密度和峰值均明显高于其他区域。

　　21141工作面前方最大主应力等值线近似呈"U"形分布,在孤岛的中部(即21141工作面运输巷所处位置)等值线密度相对较小,并且随着到工作面距离的增大,等值线密度逐渐减小。在距离工作面约30 m处的最大主应力约为38 MPa,距离为65 m处最大主应力约为32 MPa。

　　图4.12(b)为21141工作面推进700 m时的最小主应力云图,从图中可以看出,和工作面推进270 m和400 m时的分布特征类似,从整体上看,最小主应力随着到工作面距离的增大而逐渐增大,并且在工作面前方20 m范围内的最小主应力等值线密度相对较大,表明该区域内最小主应力增大的幅度较大,然后沿运输巷轴向随着到工作面的距离的增加,最小主应力增大的趋势放缓。

图4.12　工作面推进700 m时主应力云图

　　对工作面推进不同距离时,沿回采巷道轴向最大主应力 P_1 和最小主应力 P_3 的变化规律进行对比分析,不仅能够掌握回采巷道所处的应力环境,还可以为下文关于巷道围岩塑性区形态特征的研究提供支撑。

　　图4.13分别为21141工作面推进不同距离时,沿回采巷道轴向最大主应力 P_1 和最小主应力 P_3 变化曲线。

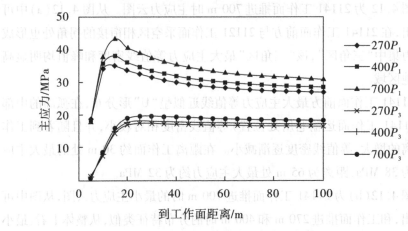

图 4.13 沿回采巷道轴向主应力曲线

从图 4.13 中可以看出,沿回采巷道轴向,距离工作面相同位置处最大主应力 P_1 和最小主应力 P_3 都随着推进距离的增加而逐渐增大,而最小主应力 P_3 变化幅度相对较小。在距离工作面 15 m 处,工作面推进至 270 m、400 m 和 700 m 时,最大主应力 P_1 分别为 35.28 MPa、38.03 MPa 和 43.49 MPa,增加量为 2.75 MPa 和 5.46 MPa,最小主应力 P_3 分别为 14.21 MPa、14.87 MPa 和 15.86 MPa,增加量为 0.66 MPa 和 0.99 MPa,最大主应力 P_1 和最小主应力 P_3 的平均值分别为 38.93 MPa 和 14.98 MPa,最大主应力 P_1 和最小主应力 P_3 的比值为 2.60。

在距离工作面 50 m 处,工作面推进至 270 m、400 m 和 700 m 时,最大主应力 P_1 分别为 28.99 MPa、30.77 MPa 和 34.17 MPa,增加量为 1.78 MPa 和 3.40 MPa,最小主应力 P_3 分别为 16.99 MPa、17.71 MPa 和 19.06 MPa,增加量为 0.72 MPa 和 1.35 MPa,最大主应力 P_1 和最小主应力 P_3 的平均值分别为 31.31 MPa 和 17.92 MPa,最大主应力 P_1 和最小主应力 P_3 的比值为 1.75。

综合上述分析,沿 21141 工作面运输巷轴向的最大主应力方向非常接近于竖直方向,距离工作面较远时这种趋势尤其明显,并且随着推进距离的增加,到工作面相同距离处的最大主应力与最小主应力的比值逐渐增大。这是由于义马煤田煤层顶板广泛分布有巨厚砾岩,尤其是千秋矿顶板砾岩厚度大,最大厚度约 600 m,并且砾岩层岩性坚硬、完整性好、抗变形能力强,煤层开采后地表"略有下沉",下沉降量平均仅为 1.54 m,沉降系数平均 0.34。煤层开采后砾岩不易垮落沉降,并造成大面积悬顶,为大量积聚弹性能提供了条件[245]。因此,上覆巨厚砾岩层"悬而不垮"的状态对工作面前方煤体产生夹持作用,在煤壁前方形成支承压力,造成工作面前方产生较高的应力集中,并且开采范围越大,导致工作面前方的应力集中系数越大[246]。

4.3 巷道围岩塑性区形成力学机制及其形态特征

4.3.1 巷道围岩塑性区形成的力学机制

煤层开采后,采空区周边围岩应力会发生重新分布,导致回采巷道围岩应力环境发生变化,并使得最大应力方向发生偏转,有时回采巷道围岩最大应力不再为竖直方向,而上覆岩层传递的倾斜方向作用力会作用于位于采空区周边的回采巷道(如图 4.14 所示),造成回采巷道围岩出现非均匀变形破坏[106]。

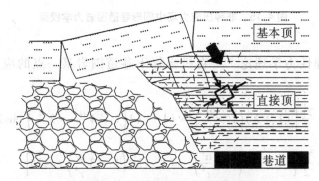

图4.14　采动巷道围岩应力环境

巷道围岩变形破坏实质上是由巷道围岩塑性区引起的,围岩的破坏模式和程度与塑性区的形态特征直接相关。由于回采巷道处于非均质、各向异性的岩体中,并且自巷道开挖到其服务的工作面回采结束,会受到掘进扰动、本工作面和临近工作面采动等叠加形成的复杂应力场的影响。

为分析巷道围岩塑性区的形态特征,根据课题组研究成果[101,104],以巷道所处区域为分离体(一般取 5 倍巷道半径),则分离体的边界条件为:内部几何边界为半径为 a 的圆形;内部应力边界由于巷道支护力与原岩应力相比很小,所以可以忽略不计[104];并将前文研究得出的最大主应力 P_1 与最小主应力 P_3 分别简化为模型边界竖直方向和水平方向的载荷。由此可以建立非等压应力场中圆形巷道围岩力学模型(如图4.15所示)。

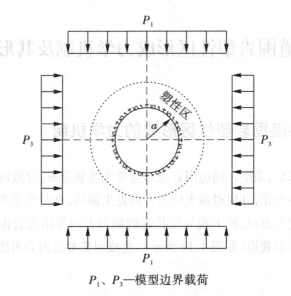

P_1、P_3—模型边界载荷

图4.15 非等压应力场中圆形巷道围岩力学模型

根据弹性力学理论[247],在极坐标下巷道围岩某一点的应力计算公式为:

$$\begin{cases} \sigma_r = \dfrac{\gamma_H}{2}\Big[(1+\lambda)\Big(1-\dfrac{a^2}{r^2}\Big) + (1-\lambda)\Big(1-4\dfrac{a^2}{r^2}+3\dfrac{a^4}{r^4}\Big)\cos2\theta\Big] \\[2mm] \sigma_\theta = \dfrac{\gamma_H}{2}\Big[(1+\lambda)\Big(1+\dfrac{a^2}{r^2}\Big) - (1-\lambda)\Big(1+3\dfrac{a^4}{r^4}\Big)\cos2\theta\Big] \\[2mm] \tau_{r\theta} = \dfrac{\gamma_H}{2}\Big[(1-\lambda)\Big(1+2\dfrac{a^2}{r^2}-3\dfrac{a^4}{r^4}\Big)\sin2\theta\Big] \end{cases}$$

$$(4.2)$$

式中 σ_θ ——巷道围岩某一点的环向应力,MPa;

σ_r ——巷道围岩某一点的径向应力,MPa;

$\tau_{r\theta}$ ——巷道围岩某一点的剪应力,MPa;

γ_H ——巷道竖向载荷,MPa;

λ ——侧压系数,即边界载荷比值(P_1/P_3);

a ——圆形巷道半径,m;

$r 、\theta$ ——任一点的极坐标。

在弹性力学中,两个主应力分别为

$$\begin{cases} \sigma_1 = \dfrac{\sigma_r + \sigma_\theta}{2} + \sqrt{\left(\dfrac{\sigma_r - \sigma_\theta}{2}\right)^2 + \tau_{r\theta}^2} \\ \sigma_3 = \dfrac{\sigma_r + \sigma_\theta}{2} - \sqrt{\left(\dfrac{\sigma_r - \sigma_\theta}{2}\right)^2 + \tau_{r\theta}^2} \end{cases} \tag{4.3}$$

Mohr–Coulomb 屈服准则能够反映岩土材料对静水压力的敏感性及其抗压强度的强度差异效应,可用于本书研究问题的求解。Mohr–Coulomb 屈服准则以主应力表示的屈服条件表达式为[248]:

$$\sigma_1 - \sigma_3 = (\sigma_1 + \sigma_3)\sin\varphi + 2C\cos\varphi \tag{4.4}$$

式中　C ——黏聚力,MPa;

　　　σ ——正应力,MPa;

　　　φ ——内摩擦角,(°);

将式(4.2)代入式(4.3),则屈服条件表达式变形为:

$$\left(\frac{\sigma_r - \sigma_\theta}{2}\right)^2 + (\tau_{r\theta})^2 - \left(\frac{\sigma_r + \sigma_\theta}{2}\right)^2 \sin^2\varphi - (\sigma_r + \sigma_\theta)\sin\varphi\cos\varphi C - C^2 \cos^2\varphi = 0$$

$$\tag{4.5}$$

再将式(4.2)代入式(4.5),即可得到非均匀应力场条件下圆形巷道围岩塑性区的边界方程:

$$9\left(1 - \frac{P_1}{P_3}\right)^2 \left(\frac{a}{r}\right)^8 + \left[-12\left(1 - \frac{P_1}{P_3}\right)^2 + 6\left(1 - \frac{P_1}{P_3^2}\right)\cos2\theta\right]\left(\frac{a}{r}\right)^6$$

$$+ \left[\begin{array}{l} 10\left(1 - \frac{P_1}{P_3}\right)^2 \cos^2 2\theta - 4\left(1 - \frac{P_1}{P_3}\right)^2 \sin^2\varphi\cos^2 2\theta \\ - 2\left(1 - \frac{P_1}{P_3}\right)^2 \sin^2 2\theta - 4\left(1 - \frac{P_1^2}{P_3^2}\right)\cos2\theta + \left(1 + \frac{P_1}{P_3}\right)^2 \end{array}\right]\left(\frac{a}{r}\right)^4$$

$$+ \left[\begin{array}{l} - 4\left(1 - \frac{P_1}{P_3}\right)^2 \cos4\theta + 2\left(1 - \frac{P_1^2}{P_3^2}\right)\cos2\theta \\ - 4\left(1 - \frac{P_1^2}{P_3^2}\right)\sin^2\varphi\cos2\theta - \frac{4C(P_3 - P_1)\sin2\varphi\cos2\theta}{P_3^2} \end{array}\right]\left(\frac{a}{r}\right)^2$$

$$+ \left[\left(1 - \frac{P_1}{P_3}\right)^2 - \sin^2\varphi\left(1 + \frac{P_1}{P_3} + \frac{2C\cos\varphi}{P_3\sin\varphi}\right)^2\right] = 0 \tag{4.6}$$

由式(4.6)可以得出,巷道围岩塑性区与围岩力学性质及巷道所处的应力环境密切相关。因此,在分析围岩塑性区形态特征时,要综合考虑这两方面因素。在围岩力学性质一定的条件下,巷道双向载荷的比值 P_1/P_3 决定了巷道围岩塑性区的形态及范围大小。

4.3.2　巷道塑性区形态特征

在不同应力环境中,均质圆形巷道围岩塑性区形态特征的理论计算和数值模拟结果见图4.16。从图中可以看出,在相同双向载荷比值条件下,采用理论计算和数值模拟得出的圆形巷道围岩塑性区形态特征基本一致。当双向载荷比值 $P_1/P_3 = 1$ 时,图4.15为双向等压受力模型,圆形巷道围岩塑性区边界方程(4.6)变形为圆的标准方程,塑性边界为规则的圆形,如图4.16(a)所示。

P_1/P_3 由1增大到1.5时,如图4.16(b)所示,塑性区边界最大半径和最小半径处于不同坐标轴上,并且相对于水平方向来说,竖直方向逐渐变窄,而水平方向逐渐变宽,塑性区边界最大半径在横轴上、最小半径在纵轴上,塑性区边界形成类似椭圆的形状。当 P_1/P_3 增大到2.5时,如图4.16(c)所示,边界最大半径位置在纵轴两侧,塑性区边界轮廓呈现坐标轴处凹陷、4个象限内凸出类似蝴蝶的形状。

课题组已有研究成果表明[104-105],改变巷道围岩强度后,巷道蝶形塑性区的蝶叶方向与巷道围岩最大载荷方向之间依然成近似45°的夹角,然而,当巷道围岩最大载荷的方向变化时,蝶叶方向也会随之而发生旋转,如图4.17所示。因此,可以说蝶形塑性区对巷道围岩最大边界载荷的变化具有方向旋转性。

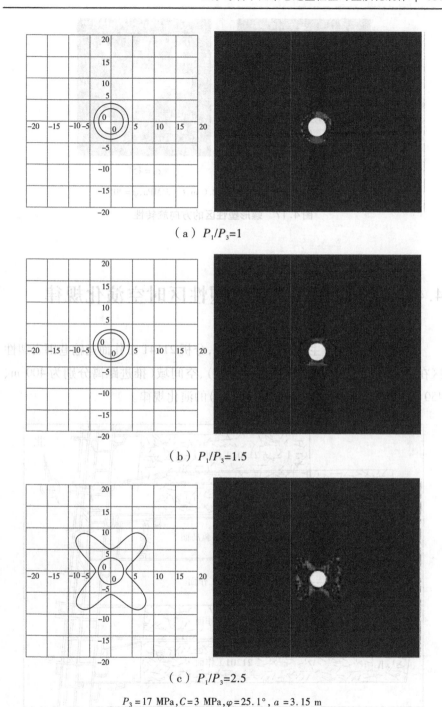

（a）$P_1/P_3=1$

（b）$P_1/P_3=1.5$

（c）$P_1/P_3=2.5$

$P_3=17$ MPa，$C=3$ MPa，$\varphi=25.1°$，$a=3.15$ m

图 4.16　不同双向载荷比值下均质圆形巷道围岩塑性区理论计算和数值
模拟形态特征

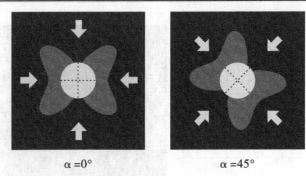

α = 0°　　　　　　α = 45°

$P_1 = 20 \text{ MPa}, P_3 = 8 \text{ MPa}, a = 2.0 \text{ m}, C = 3 \text{ MPa}, \varphi = 20°$

图 4.17　蝶形塑性区的方向旋转性

4.4　义马煤田回采巷道塑性区时空演化规律

依据工作面前方主应力场分布特征,分析 21141 工作面运输巷围岩塑性区在时间域(以工作面推进 400 m 为例)、空间域(推进距离分别为 400 m、450 m、465 m、485 m 时,如图 4.18 所示)的演化规律。

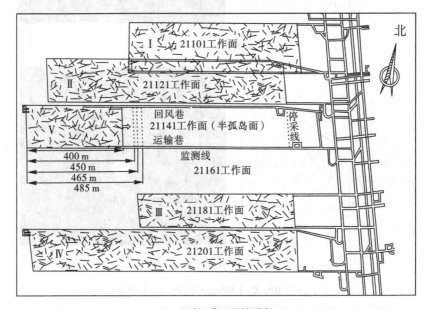

Ⅰ～Ⅴ为工作面开挖顺序

图 4.18　工作面开挖数值模拟示意图

结合千秋矿 21141 工作面实际地质条件,采用 FLAC3D 数值模拟软件建立尺寸为 80 m ×80 m 的数值模拟计算模型(如图 4.19 所示),模型左右、顶部和底部边界均为固定边界,竖直方向施加载荷 P_1,水平方向施加载荷 P_3,模型中煤层倾角为 12°,采用 Mohr-Coulomb 强度准则,巷道开挖部分采用零单元模拟。岩层物理力学参数见表 4.1。

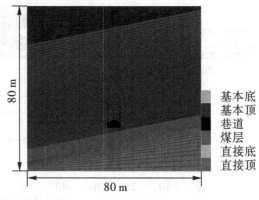

基本底
基本顶
巷道
煤层
直接底
直接顶

图 4.19 拱形巷道数值模拟计算模型

4.4.1 回采巷道塑性区时间域演化规律

以工作面推进 400 m 为例,研究工作面前方回采巷道塑性区形态特征(塑性区的最大尺寸、方向)随着到工作面不同距离的演化规律。

当 21141 工作面推进 400 m 时,工作面前方 100 m 范围内的主应力大小、方向及塑性区形态特征见图 4.20。从图中可以看出,到工作面距离不同,回采巷道塑性区形态特征差异较大。当距离工作面较远(距离为 100 m 和 80 m)时,回采巷道两帮(主要集中在肩角处)和底板的塑性区范围较为接近,且明显大于顶板塑性区深度,塑性区呈不规则形态。随着到工作面距离的减小,回采巷道两肩角处的塑性区逐渐向深部扩展,而底板塑性区深度变化较小。在距离工作面 30 m 时,回采巷道塑性区两肩角处的尺寸更大,底板塑性区范围变化仍不明显,两肩角处塑性区深度增大比较明显。距离工作面 15 m 处,巷道两肩角处的塑性区进一步向深部扩展,塑性区呈蝶形分布的特征更为明显。

由于最大主应力与 x 轴夹角随着到工作面距离的增大而增大,在距离工作面较远处(不小于 50 m)的夹角超过了 89°,塑性区基本对称分布,而距离为 15 m 处的夹角约为 86°,该位置的塑性区形态发生了偏转且呈不对称分布。由此可以得出,塑性区的形态特征与主应力的大小及方向有直接关系,塑性区最大尺寸位置会随着主应力方向的变化而变化。

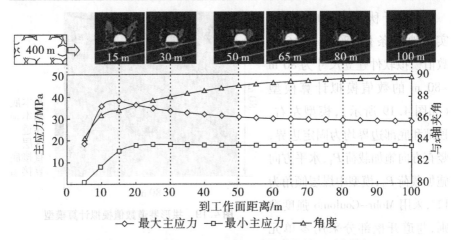

图4.20　工作面推进400 m时回采巷道塑性区形态特征

工作面推进450 m时,工作面前方的主应力大小、方向及塑性区形态特征如图4.21所示。从图中可以看出,随着到工作面距离的减小,最大主应力与x轴夹角逐渐减小,最大主应力则先增大后减小,在距离工作面15 m达到最大值,而最小主应力则在距离小于20 m的范围内才出现减小。

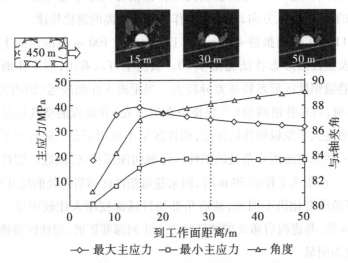

图4.21　工作面推进450 m时回采巷道塑性区形态特征

随着到工作面距离的减小,回采巷道两肩角的塑性区向深部扩展,在距离工作面15 m处,塑性区呈非对称的蝶形分布,并且蝶叶位置发生了偏转,且该处的蝶叶尺寸最大。

21141工作面继续推进15 m,即累计推进距离达到465 m时,工作面前方的主应力大小、方向及塑性区形态特征如图4.22所示。

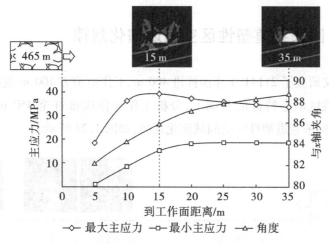

图4.22 工作面推进465 m时回采巷道塑性区形态特征

从图4.22中可以看出,距离工作面15 m处的最大主应力最大,最大主应力与 x 轴夹角随着到工作面距离的减小而逐渐减小。距离工作面35 m处塑性区呈对称分布,距离为15 m处的塑性区尺寸发生明显扩展并呈蝶形分布,蝶叶方向也发生了偏转。这是由于距离工作面15 m处最大主应力较大,并且最大主应力与 x 轴的夹角相对较小,导致塑性区尺寸增大且发生偏转。

图4.23为工作面推进485 m时,工作面前方的主应力大小、方向及塑性区形态特征。对比可知,距离工作面15 m处的塑性区也呈蝶形分布,并且塑性区最大尺寸与工作面推进至400 m、450 m和465 m时基本一致。这进一步说明,主应力的大小与方向对塑性区的形态特征有显著影响。

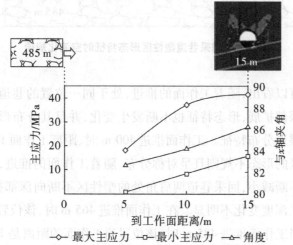

图4.23 工作面推进485 m时回采巷道塑性区形态特征

4.4.2　回采巷道塑性区空间域演化规律

在前文研究了 21141 工作面推进 400 m、工作面前方 100 m 范围内的回采巷道塑性区形态特征的基础上,分析工作面依次推进至 450 m、465 m、485 m 时,回采巷道塑性区空间域演化规律,如图 4.24 所示。

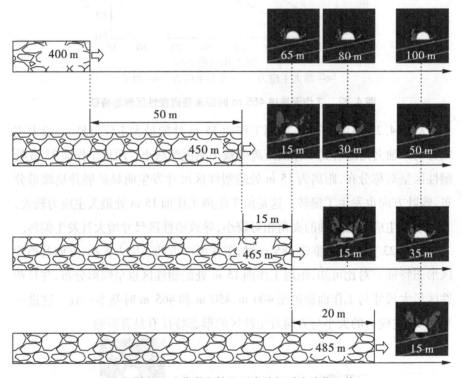

图 4.24　回采巷道塑性区形态特征时空演化规律

从图中可以看出,随着工作面的推进,处于同一位置的巷道两肩角处塑性区持续向深部扩展,形态特征也不断发生变化,并且其分布形态由不规则逐渐演化为蝶形分布特征。工作面推进 400 m 时、距离工作面 100 m 处的回采巷道塑性区的形态不规则且呈对称分布,随着工作面的推进,该位置到工作面的距离不断减小,回采巷道两肩角处的塑性区不断向深部扩展,而顶板和底板塑性区深度变化不明显。在工作面推进 465 m 时,该位置的塑性区呈蝶形分布。当工作面推进 485 m 时,该位置到工作面的距离是 15 m,塑性区蝶叶尺寸沿肩角方向进一步向深部扩展,并且蝶叶方向发生了偏转。

　　工作面推进400 m时,距离工作面80 m处的回采巷道塑性区的形态也不规则,同时也呈对称分布,当该位置到工作面的距离为30 m(即工作面推进450 m)时,回采巷道两肩角的塑性区深度明显扩大,而顶板和底板塑性区范围变化较小,并呈蝶形分布;当该位置距离工作面15 m(即工作面推进465 m)时,塑性区蝶叶尺寸进一步增大,并且发生了偏转。这表明工作面的回采可以改变回采巷道围岩应力场,从而使得回采巷道塑性区的蝶叶方向、尺寸等形态特征发生改变。

❖ 本章小结 ❖

　　根据义马煤田千秋矿21141工作面所处的工程地质环境,本章采用数值模拟方法分析了采动应力场特征,并从塑性区形成的力学机制入手,研究了回采巷道塑性区的时空演化规律,得到主要结论如下:

　　(1)受工作面回采的影响,回采巷道区域主应力场的大小和方向将发生改变。沿回采巷道轴向最大主应力呈现先急剧增大后逐渐减小的趋势,减小的幅度越来越小,并且最大主应力峰值位置到工作面的距离为15 m。最大主应力与x轴夹角随着到工作面距离的增大而逐渐增大并接近于竖直方向。最小主应力在距离工作面约25 m处达到最大后,随着到工作面距离的增大而缓慢减小,但是其减小的幅度小于最大主应力减小的幅度。

　　(2)在采动应力作用下,回采巷道塑性区的最大尺寸及其方向等形态特征发生明显变化。工作面推进至某一位置时,到工作面不同距离处的塑性区形态特征不同,随着到工作面距离的减小,回采巷道两肩角处塑性区不断向深部扩展,其形态由不规则逐渐演化成蝶形,并且受最大主应力的影响,塑性区蝶叶方向会发生偏转。某一位置处的塑性区形态也随着工作面的推进,由不规则形态逐渐演化成蝶形,蝶叶方向也发生偏转。

　　(3)在21141工作面推进过程中,在工作面前方与21121工作面采空区相衔接的拐角处均形成了应力集中"三角区",在工作面推进不同距离时,21141工作面前方最大主应力等值线则分别近似呈"L"形、"L+U"形和"U"形分布。工作面前方20 m范围内的最小主应力等值线密度相对较大,达到峰值后趋于稳定。

5

巷道冲击破坏机理及关键影响因素

巷道开挖后,围岩会产生塑性破坏并形成一定范围的塑性区,而塑性区的形态特征是决定巷道破坏的重要因素。在受到采掘扰动、巷道扩修、巷内爆破等产生的扰动应力作用下,将打破巷道围岩原始的应力平衡状态,并引起应力的重新分布,当重新分布后的应力超过煤岩体的极限强度时,会造成巷道周围的煤岩体产生进一步的破坏,进而诱发巷道冲击破坏、煤与瓦斯突出等煤岩动力灾害[218,230,249-250]。但是采动应力及采掘扰动、巷道扩修、巷内爆破等因素产生的扰动应力诱发巷道冲击破坏的作用机理仍需进一步研究。本章从不同应力条件下巷道围岩塑性区的形态特征入手,对巷道塑性区的瞬时扩展及其能量变化特征进行分析,以揭示义马煤田回采巷道冲击破坏发生机理,并归纳巷道冲击破坏关键影响因素。

5.1 不同应力条件下巷道围岩塑性区形态特征

取巷道双向载荷比值 P_1/P_3 为 1、1.5 和 3,分析不同竖向载荷条件下,巷道围岩塑性区的形态特征。

5.1.1 双向载荷比值为 1 时巷道围岩塑性区形态特征

双向载荷比值 P_1/P_3 为 1、竖向载荷 P_1 从 10 MPa 增大至 60 MPa 时,巷道围岩塑性形态特征见图 5.1。

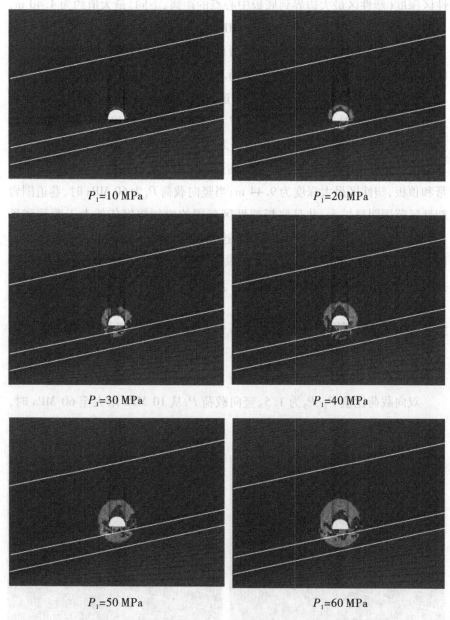

P_1=10 MPa

P_1=20 MPa

P_1=30 MPa

P_1=40 MPa

P_1=50 MPa

P_1=60 MPa

图 5.1 双向载荷比值为 1 时巷道围岩塑性区形态特征

由图 5.1 可以看出,随着竖向载荷 P_1 的增大,巷道围岩塑性区形态特征从不规则,逐渐趋近于圆形,并且当竖向载荷 P_1 大于 40 MPa 时巷道底板塑性区深度向深部扩展的幅度较大。当竖向载荷 P_1 为 10 MPa 时,巷道围岩塑性区深度(塑性区最大边界到底板中心点的距离,下同)最大值约为4.40 m,且分布比较均匀;竖向载荷 P_1 为20 MPa时,巷道围岩塑性区范围有明显扩大,整体上看呈圆形分布,顶板和两帮的塑性区深度较为一致,但底板塑性区深度相对较大,塑性区最大深度为6.07 m。

竖向载荷 P_1 增大至30 MPa时,巷道围岩塑性区范围进一步扩大,其分布形态仍为圆形,塑性区最大深度为7.17 m;竖向载荷 P_1 为40 MPa时,巷道围岩塑性区范围进一步扩大,其分布形态仍为圆形,塑性区最大深度为8.30 m。

当竖向载荷 P_1 达到50 MPa时,巷道底板塑性区范围的增加幅度大于两帮和顶板,塑性区最大深度为9.44 m;当竖向载荷 P_1 为60 MPa时,巷道围岩塑性区范围明显扩大,并且底板塑性区范围的增加幅度依然大于两帮和顶板,围岩塑性区最大深度为10.17 m,这与拱形巷道不同部位的承载能力不同有关,由于拱状的承载能力要大于拱形巷道直线型底板的承载能力,造成拱形巷道两帮和顶板塑性区的深度小于底板。

5.1.2　双向载荷比值为1.5时巷道围岩塑性区形态特征

双向载荷比值 P_1/P_3 为1.5、竖向载荷 P_1 从10 MPa增大至60 MPa时,巷道围岩塑性区形态特征见图5.2。

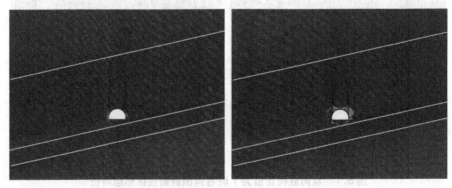

P_1=10 MPa　　　　　　　　　P_1=20 MPa

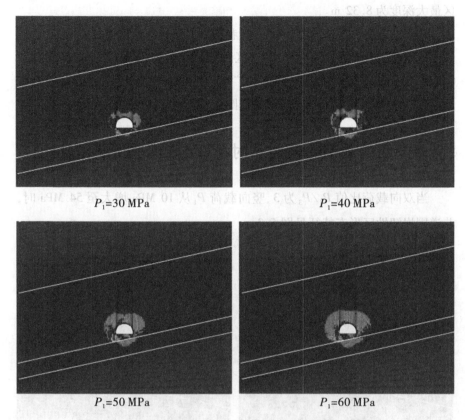

图5.2　双向载荷比值为1.5时巷道围岩塑性区形态特征

　　根据图5.2可以得出,当竖向载荷P_1较小时,巷道围岩塑性区分布呈不规则形态,随着竖向载荷P_1的增大,塑性区形态逐渐趋近于椭圆形。当竖向载荷P_1为10 MPa时,巷道左右两帮围岩塑性区深度相对较大,塑性区最大深度约为4.68 m;当竖向载荷P_1为20 MPa时,巷道两帮和底板的塑性区范围明显扩大,顶板塑性区深度变化较小,塑性区最大深度为6.18 m。

　　竖向载荷P_1为30 MPa时,巷道两帮和底板塑性区范围明显扩大,顶板塑性区深度增大的幅度较小,其分布形态接近于椭圆形,塑性区最大深度为7.24 m;当竖向载荷P_1为40 MPa时,巷道围岩塑性区范围进一步扩大,底板塑性区扩展至底板岩层中,这是因为拱状的承载能力要大于拱形巷道直线型底板的承载能力,造成拱形巷道底板围岩塑性区变化较为明显,并且由于受到煤层倾角及巷道底煤厚度不均的影响,巷道右侧底角处的塑性区范围小于左侧底角,整体来说,巷道围岩塑性区分布形态更接近于椭圆形,塑性区最大深度为 8.32 m。

当竖向载荷 P_1 增大至 50 MPa 时,巷道围岩塑性区范围继续扩大,顶板塑性区范围增加的幅度较为明显,塑性区最大深度为 9.17 m;当竖向载荷 P_1 为 60 MPa 时,巷道围岩塑性区范围再次扩大,两帮和顶板塑性区范围大于底板深度,巷道围岩塑性区分布形态近似呈椭圆形,围岩塑性区最大深度为 9.84 m。

5.1.3　双向载荷比值为 3 时巷道围岩塑性区形态特征

当双向载荷比值 P_1/P_3 为 3、竖向载荷 P_1 从 10 MPa 增大至 54 MPa 时,巷道围岩塑性区形态特征见图 5.3。

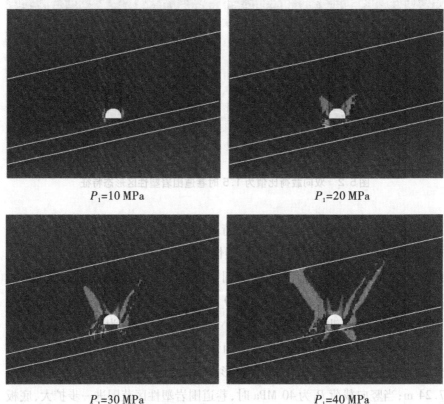

P_1=10 MPa

P_1=20 MPa

P_1=30 MPa

P_1=40 MPa

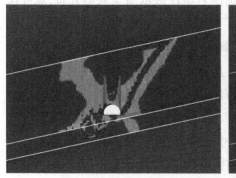
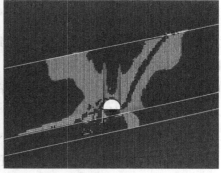

P_1=50 MPa

P_1=53 MPa

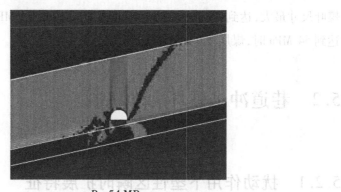

P_1=54 MPa

图 5.3 双向载荷比值为 3 时巷道围岩塑性区形态特征

从图 5.3 可以看出,当双向载荷比值 P_1/P_3 为 3 时,巷道围岩塑性区均呈蝶形或不足四个蝶叶的残缺蝶形分布,随着竖向载荷 P_1 的增大,蝶形塑性区的蝶叶尺寸逐渐变大,当竖向载荷 P_1 达到某一极限值时(54 MPa),煤层会发生大范围破坏。当竖向载荷 P_1 为 10 MPa 时,巷道左右两帮围岩塑性区深度明显大于顶底板塑性区深度,两肩角和左侧底角处有尖角产生并且塑性区深度相对较大,其中右侧肩角处的塑性区深度最大,为 5.32 m;当竖向载荷 P_1 增大至 20 MPa 时,巷道两肩角和左侧底角处的尖角有明显扩大,但是由于受到煤层倾角及巷道底煤厚度不均的影响,巷道右侧底角处的塑性区范围小于左侧底角,巷道围岩塑性区呈不足四个蝶叶的残缺蝶形分布,右侧肩角处蝶叶尺寸最大为 12.05 m。当竖向载荷 P_1 为 30 MPa 时,巷道两侧底角处的塑性区均扩展至底板岩层中,肩角处的蝶叶尺寸进一步扩大,巷道围岩塑性区呈蝶形分布,右侧肩角处的塑性区深度最大,为 22.19 m。

当竖向载荷 P_1 为 40 MPa 时,巷道围岩塑性区依然呈蝶形分布,蝶叶尺寸均有明显扩大,左侧肩角处的蝶叶扩展至煤层与顶板岩层交界面处,右侧肩角处塑性区蝶叶尺寸仍然最大,达到 30.05 m;当竖向载荷 P_1 为 50 MPa 时,巷道围岩塑性区仍然呈蝶形分布,其蝶叶尺寸继续扩大,左侧肩角处蝶叶的宽度沿着煤岩交界面扩大,右侧肩角处蝶叶扩展至煤层与顶板岩层交界面处,左侧底角处蝶叶向煤层深处扩展,右侧底角处蝶叶扩展至直接底与基本底交界面处,右侧肩角处蝶叶尺寸最大,塑性区最大深度为 37.33 m。当竖向载荷 P_1 增大至 53 MPa 时,巷道围岩塑性区蝶叶均沿着煤层与顶板岩层交界面向深部扩展,底板岩层中塑性区变化幅度相对较小,右侧肩角处的蝶叶尺寸最大,达到 40.59 m;当竖向载荷 P_1 达到从 53 MPa 增大 1 MPa,即达到 54 MPa 时,煤层发生大范围破坏。

5.2 巷道冲击破坏力学机制

5.2.1 扰动作用下塑性区瞬时扩展特征

上述研究表明,巷道围岩所处的应力状态,尤其是与边界载荷 P_1、P_3 对巷道围岩塑性区形态特征的影响较大。当双向载荷比值 P_1/P_3 分别为 1、1.5 和 3 时,不同竖向载荷 P_1 条件下巷道围岩塑性区的最大尺寸及其形态见表 5.1。

表 5.1　不同双向载荷比值条件下巷道塑性区最大尺寸

P_1/P_3	P_1								塑性区形态
	10	20	30	40	50	53	54	60	
1	4.40	6.07	7.17	8.30	9.44	—	—	10.17	非蝶形
1.5	4.68	6.18	7.24	8.32	9.17	—	—	9.84	非蝶形
3	5.32	12.05	22.19	30.05	37.33	40.59	∞		蝶形

根据表 5.1 可以得出塑性区最大尺寸 R_{max} 与竖向载荷 P_1、水平载荷 P_3 的关系曲线(简称 RPP 曲线),如图 5.4 所示。

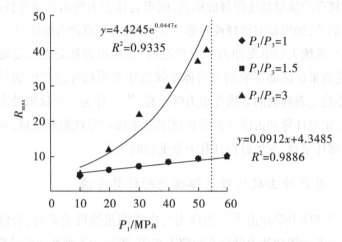

图 5.4 不同形态塑性区的巷道 RPP 曲线

从图 5.4 中可以看出,巷道围岩非蝶形塑性区最大尺寸 R_{max} 与竖向载荷 P_1 之间呈线性关系,而蝶形塑性区最大尺寸与竖向载荷 P_1 之间近似呈正指数关系。当竖向载荷 P_1 达到某一极限值时,蝶形塑性区最大尺寸为无穷大,即围岩塑性区出现了瞬时扩展;另外,无论竖向载荷 P_1 有多大,非蝶形塑性区的变化都比较平缓,塑性区最大尺寸随着竖向载荷 P_1 的增大呈线性增长,不存在瞬时扩展的情况。相对于非蝶形塑性区来说,蝶形塑性区的这种瞬时扩展特性反映出蝶形塑性区对竖向载荷 P_1 的增大是极其敏感的,在某些应力和围岩条件下,竖向载荷 P_1 的略微增大,都会引起蝶形塑性区的瞬时扩展。这就是说,只有巷道围岩出现蝶形塑性区后,才有可能发生塑性区的瞬时扩展,即巷道冲击破坏。

5.2.2 巷道冲击破坏能量变化特征

在实际的开采活动中,"煤体–围岩"系统是一个开放的系统,不断受到来自采矿活动以及地质构造等因素的影响,在采动应力的扰动作用下,系统原来的应力平衡区发生改变,并向不平衡状态发展,而在这一变形破坏的过程中,会伴随有能量的积聚、释放以及系统内各种能量的耗散。因此,"煤体–围岩"系统实际上是一个能量耗散结构。

煤岩体系统内能量不同的释放方式会产生不同的破坏形式,如果煤岩体系统内储存的能量是缓慢释放形式,则煤岩体会表现出流变等特征,比如巷道大变形等;如果是突然释放的形式,则表现为巷道冲击破坏等。

能量与系统失稳引发冲击理论普遍认为:冲击破坏是在特定地质赋存条件下,受到采矿活动影响的煤岩体系统发生变形破坏过程中能量的稳定态积聚、非稳定态释放的非线性动力学过程[251]。作为一个反映冲击破坏的重要参量,定量计算冲击破坏前后巷道围岩系统内弹性能释放量,对于揭示巷道冲击破坏孕育、发生过程具有十分重要的意义。

5.2.2.1 巷道冲击破坏释放弹性能的计算方法

根据弹塑性力学理论[252],当应力与应变满足线性关系时,岩体介质上任意微单元弹性能和外力做功在数值上相等,得到如下弹性能的计算公式

$$W_e = \frac{1}{2}(\sigma_1 \varepsilon_1 + \sigma_2 \varepsilon_2 + \sigma_3 \varepsilon_3) \tag{5.1}$$

式中 ε_1, ε_2, ε_3 为岩体单元体内的相应主应变。

根据广义胡克定律:

$$\left. \begin{array}{l} \varepsilon_1 = \frac{1}{E}[\sigma_1 - \mu(\sigma_2 + \sigma_3)] \\ \varepsilon_2 = \frac{1}{E}[\sigma_2 - \mu(\sigma_3 + \sigma_1)] \\ \varepsilon_3 = \frac{1}{E}[\sigma_3 - \mu(\sigma_1 + \sigma_2)] \end{array} \right\} \tag{5.2}$$

结合式(5.1)、(5.2)可得出单元体在三向应力状态下的弹性能密度,即:

$$u = \frac{1}{2E}[\sigma_1^2 + \sigma_2^2 + \sigma_3^2 - 2\mu(\sigma_1\sigma_2 + \sigma_2\sigma_3 + \sigma_3\sigma_1)] \tag{5.3}$$

式中 σ_1, σ_2, σ_3——单元体的第一、第二和第三主应力;

E——煤岩体的弹性模量;

μ——煤岩体的泊松比。

式(5.3)表示的是弹性能密度,即单位体积的弹性能。由于实际的数值模拟计算模型中划分的网格往往是不规则的,因此在计算所建模型中各单元体的弹性能时,需考虑模型中不同单元体的体积。数值模拟计算模型中所有单元体的弹性能变化量的总和,就是模型中的巷道在发生冲击破坏前后弹性能的变化量。

结合式(5.3)可得数值模型的弹性能 W_e 计算公式：

$$W_e = \sum u_i v_i \tag{5.4}$$

式中　u_i——第 i 个单元体的弹性能密度；

　　　v_i——第 i 个单元体的体积。

巷道围岩产生塑性破坏会造成弹性能的释放，因此可将巷道围岩体未发生破坏的弹性能到巷道围岩产生塑性破坏后的弹性能的差值定义为巷道围岩发生塑性破坏所释放的能量。

5.2.2.2　扰动加载条件下煤岩体能量变化特征

根据前文研究结果，双向载荷比值为 3 时，巷道围岩塑性区呈蝶形分布。当水平载荷 P_3 保持不变，竖向载荷 P_1 为 30 MPa 时的塑性区形态特征见图 5.5(a)；在受到外界扰动后，竖向载荷 P_1 增大至 40 MPa 时，巷道围岩塑性区最大尺寸明显增大，并扩展至煤岩交界面[如图 5.5(b)所示]。现以上述两种状态为例，分析扰动加载条件下煤岩体内的能量变化特征。

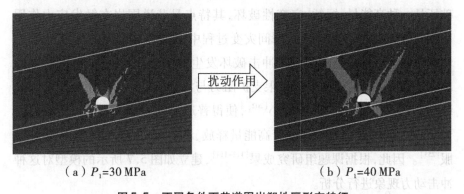

（a）P_1=30 MPa　　　　　　　　（b）P_1=40 MPa

图 5.5　不同条件下巷道围岩塑性区形态特征

为了准确地得出外界扰动下，巷道发生冲击破坏所释放的能量，首先利用应力提取命令，提取出模型中的最大主应力、中间主应力和最小主应力，然后结合式(5.3)、(5.4)，就可以计算出巷道围岩系统内的能量值。弹性状态下巷道围岩系统内的能量与发生破坏后塑性状态下巷道围岩系统内的能量的差值，即为在外界扰动作用下巷道围岩系统内释放的能量。

根据图 5.5 中的数值模拟计算结果，可以得出外界扰动作用前后巷道围岩系统能量场分布图(如图 5.6 所示)。由图 5.6 可以看出，加载条件下巷道围岩系统内的能量分布不均匀，不同区域的能量值大小不一，但整体来说能量级基本一致,约为10^5级。此外,还可以计算出在外界扰动作用下巷道围岩塑性破坏范围扩展所释放的弹性能为5.39×10^7J。若在极短时间内出现能量的大量释放,则围岩将发生剧烈破坏,即巷道冲击破坏,巷道冲击烈度相当于里氏1.9级左右的地震,这与现场监测结果非常接近。

图5.6 扰动加载条件下巷道围岩能量场分布等值线图

5.3 巷道冲击破坏机理

与一般静载状态下的巷道围岩大变形、冒顶等破坏形式不同,巷道冲击破坏是一种高能量、短暂、突变性破坏,其特点是巷道围岩在触发应力作用下瞬间部分或全部破坏,在这瞬间灾变过程中,支护构件连同巷道周边围岩快速挤向巷道自由空间。由于冲击破坏发生的突然性和巨大破坏性,以及现有工程技术所能够提供的极限支护阻力与深部原岩应力场不在同一数量级,远远小于深部地应力场大小[202],使得普通的支护形式不堪一击。可以说,冲击破坏发生过程中伴随着高能量释放、巷道围岩变形以及支护构件屈服[253]。因此,根据课题组研究成果[112-114],建立如图5.7所示的模型对这种冲击动力现象进行分析。

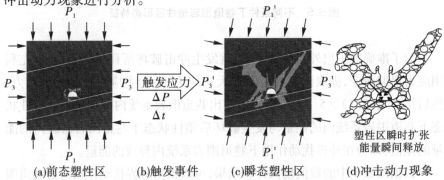

(a)前态塑性区   (b)触发事件   (c)瞬态塑性区   (d)冲击动力现象

P_1'、P_3'分别为受到触发事件扰动产生的应力效应作用后的边界载荷

图5.7 巷道冲击破坏机理分析模型

（1）在现场生产实践中，由于受到工作面回采、巷道扩修、巷内爆破等触发事件产生的扰动作用的影响，巷道所处的区域应力场会发生变化，并导致巷道围岩塑性区的形态特征随之发生改变。为了区分触发事件扰动作用前后的应力场和塑性区，将发生冲击破坏前一时刻的区域应力场称为前态应力场，与之对应的塑性区称为前态塑性区，见图5.7（a）。前态应力场用包含有大小及方向的竖向载荷 P_1 和水平载荷 P_3 两个参量表示，即 $P(P_1,P_3)$。

（2）触发事件产生的扰动（$\Delta P/\Delta t$）是指单位时间内前态应力场的应力增量。这里的单位时间是指导致巷道围岩塑性区扩展所需要的最小时间。这是因为一方面触发事件产生的扰动作用需要在煤岩固体中传播一定的时间才能使前态应力场转变为瞬态应力场，另一方面巷道围岩塑性区范围的扩展也需要一定的时间才能产生。如果巷道围岩塑性区范围不是在这种单位时间内逐渐增加的，则必然是瞬间同时产生的，即爆炸式的，见图5.7（b）。

（3）在受到触发事件产生的扰动（ΔP）作用后，前态应力场在极短时间内甚至瞬时转变为瞬态应力场 $P'(P_1'、P_3')$，并引起巷道围岩蝶形塑性区发生瞬时、大幅度、爆炸式扩展［见图5.7（c）］，导致煤岩体破坏的同时释放出存储于煤岩体内的大量弹性能，并以震动、声响、煤岩碎块抛出等冲击动力现象表现出来[239]，见图5.7（d）。

如果塑性区的扩展是渐进的，随着 Δt 的延长，经过一定的过程后才能形成瞬态应力场，则巷道围岩塑性区的扩展速度将放缓，同时也将逐渐释放煤岩体破坏释放出的弹性能，冲击破坏的剧烈程度也将逐渐降低，直至无法形成冲击破坏，而是表现为巷道围岩大变形。

所谓"极短时间"可以用塑性区增长的最大几何尺寸与力（在固体中以波的形式传播）在岩石固体中的传播速度（3000～7000 m/s）的比值来估算，大概为千分之几秒。在如此短暂的时间内煤岩体的塑性区扩展不可能是渐进的，可以认为是同时发生，由此也将引发巷道围岩内的弹性能突然释放，即巷道冲击破坏。

综上所述，义马煤田回采巷道冲击破坏机理可概括为：在采动应力、断层等因素的影响下，回采巷道围岩塑性区呈不均匀分布状态，由于受到采掘扰动、巷道扩修、巷内爆破等触发事件产生的扰动作用的影响，使得回采巷道区域应力场发生突然改变，局部巷道双向载荷也随之发生明显改变，导致围岩蝶形（或残缺蝶形）塑性区出现瞬时扩展，并以震动、声响和煤岩碎块抛出的形式释放存储于体内和围岩系统中的大量弹性能，出现爆炸式破坏的动力现象。

巷道冲击破坏机理的核心是冲击破坏发生过程中巷道围岩塑性区的形态特征及其变化,主要包含以下三大典型特征[115]:

(1)塑性区形态为蝶形或残缺蝶形。巷道冲击破坏发生时围岩塑性区的形状是蝶形或者是不足四个蝶叶的残缺蝶形。

(2)增量塑性区一般较大。在巷道冲击破坏发生前巷道围岩可能存在一定范围的塑性区,在冲击破坏即将发生时一般会出现较大的塑性区增量,使得存储于塑性区范围内和围岩系统中的冲击动力源的弹性能增至足够大,并以震动、声响和煤岩体抛出的形式释放。

(3)增量塑性区瞬间出现。触发事件的扰动作用使得巷道区域应力场突然发生改变,围岩应力各个分量的重新组合使得冲击破坏前处于弹性状态的煤岩体在"极短时间"内增加了一定范围的破坏区,广义上说是这部分围岩由弹性状态转变到塑性状态。

5.4　巷道冲击破坏关键影响因素

根据前文关于巷道围岩塑性区形态的研究可以得出,应力条件对巷道围岩塑性区形态特征有重要影响,并且不同围岩强度的圆形巷道理论计算塑性区形态特征和数值模拟一致。因此,本部分运用数值模拟计算软件,分析主应力场大小、围岩强度对巷道围岩塑性区形态及能量分布的影响。

当工作面推进 400 m 时,选取到工作面的距离为 15 m 和 50 m 两种状态下,分别分析受到外界扰动($\Delta P = 2$ MPa)、围岩强度减小(降低 2 MPa)后的塑性区形态及能量分布特征。

5.4.1　主应力大小对巷道冲击破坏的影响

根据前文研究结果,当工作面推进 400 m 时,距离工作面 15 m 处双向载荷比值 P_1/P_3 为 2.56,前态塑性区形态呈蝶形,其形态特征和能量分布如图 5.8(a)所示。当受到大小为 2 MPa 的外界扰动后,巷道围岩瞬态应力场发生改变,双向载荷比值 P_1/P_3 达到 2.69,塑性区蝶叶最大半径出现扩展,能量分布也发生变化,但其能量级没有发生改变,仍为 10^5 级[如图 5.8(b)所示],并且在塑性区扩展的过程中巷道围岩系统释放 $5.2×10^7$ J 能量。根据巷道冲击破坏机理,如果塑性区是在极短时间内扩展的,则巷道将发生冲击破坏,巷道冲击烈度相当于里氏 1.9 级左右的地震。

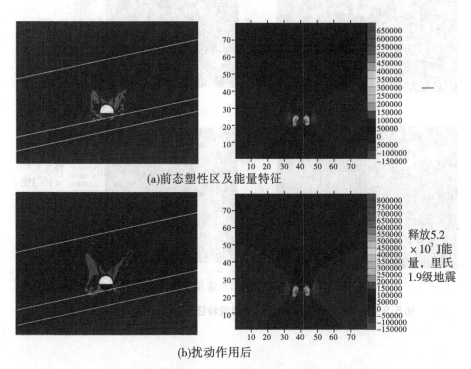

(a)前态塑性区及能量特征

释放5.2 $×10^7$J能量,里氏1.9级地震

(b)扰动作用后

图 5.8　扰动作用对塑性区形态及能量特征的影响(距离工作面 15 m)

当工作面推进 400 m 时,距离工作面 50 m 处双向载荷比值 P_1/P_3 为 1.74,前态塑性区呈不规则形态,其形态特征和能量分布如图 5.9(a)所示。当受到大小为 2 MPa 的外界扰动后,双向载荷比值 P_1/P_3 为 1.85,塑性区形态发生改变,呈蝶形分布,并且蝶叶最大半径出现扩展,能量分布也发生变化,但其能量级也没有发生改变,仍为 10^5 级[如图 5.9(b)所示],并且在塑性区扩展的过程中巷道围岩系统释放 $5.7×10^7$ J 能量。如果塑性区是在极短时间内扩展的,则巷道将发生冲击破坏,冲击烈度相当于里氏 1.9 级左右的地震。

义马煤田煤层顶板砾岩层厚度大、抗变形能力强,煤层开采后容易形成大面积悬顶,导致工作面前方应力集中程度高,并且开采范围越大,工作面前方的应力集中系数越大[245-246],这也将导致冲击危险性增大。

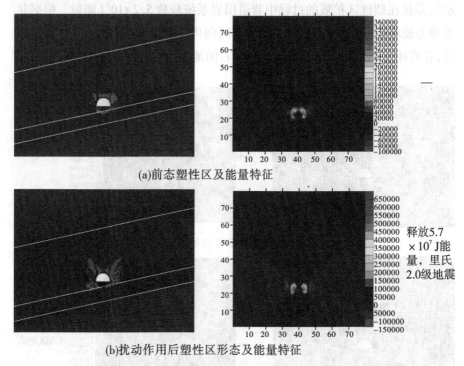

(a)前态塑性区及能量特征

(b)扰动作用后塑性区形态及能量特征

图 5.9　扰动作用对塑性区形态及能量特征的影响(距离工作面 50 m)

5.4.2　围岩强度对巷道冲击破坏的影响

　　根据现场反馈情况,距离工作面较远处也会发生巷道冲击破坏。由于地质构造等因素的影响,可能造成的局部巷道围岩强度减小,因此有必要研究围岩强度对巷道冲击破坏的影响。

　　仍以工作面推进 400 m 时,距离工作面 15 m 和 50 m 为例,当围岩强度减小 2 MPa 时,距离为 15 m 处巷道塑性区形态依然为蝶形,并且蝶叶最大半径出现扩展,巷道围岩系统释放 7.1×10^7 J 能量,如图 5.10 所示。根据巷道冲击破坏机理,如果塑性区的扩展是在极短时间内完成的,则巷道将发生冲击破坏,冲击烈度相当于里氏 2.0 级左右的地震。

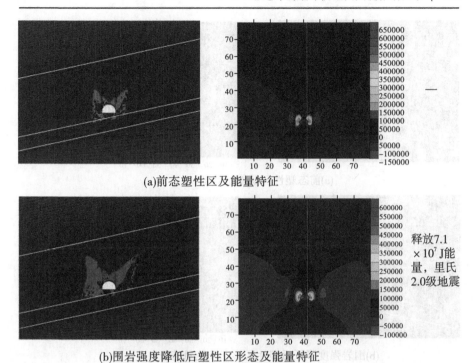

(a)前态塑性区及能量特征

(b)围岩强度降低后塑性区形态及能量特征

图5.10　围岩强度对塑性区形态及能量特征的影响(距离工作面15 m)

当围岩强度减小2 MPa时,距离工作面50 m处的巷道塑性区仍为不规则形态,如图5.11所示。根据巷道RPP曲线,无论竖向载荷P_1有多大,这种非蝶形塑性区的变化都比较平缓,塑性区最大尺寸随着竖向载荷P_1的增大呈线性增长,不存在瞬时扩展的情况,因此,尽管巷道围岩系统释放$5.1×10^7$ J能量,但是在这种条件下也不会发生巷道冲击破坏。

综上所述,主应力的大小和围岩强度对巷道塑性区的形态特征均具有显著影响,并且主应力的大小对塑性区形态特征的影响程度要大于围岩强度。在一定的应力和围岩条件下,当巷道围岩存在蝶形塑性区时,最大主应力的增大和围岩强度的减小都会导致塑性区蝶叶出现扩展,并伴随能量释放。在某些条件下,当巷道围岩中不存在蝶形塑性区时,受到外界扰动作用后,巷道围岩瞬态塑性区也会呈蝶形分布。如果蝶形塑性区扩展是瞬时的,将诱发巷道冲击破坏。围岩强度减小时,巷道围岩非蝶形塑性区的不规则形态没有发生变化,并且也不会诱发巷道冲击破坏。

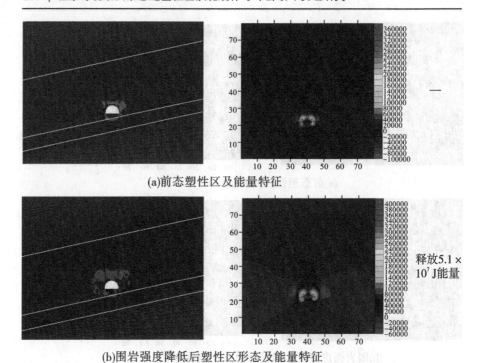

(a)前态塑性区及能量特征

(b)围岩强度降低后塑性区形态及能量特征

图 5.11 围岩强度对塑性区形态及能量特征的影响(距离工作面 50 m)

❖ **本章小结** ❖

本章研究了不同应力条件下巷道塑性区的形态特征,阐述了塑性区的瞬时扩展及能量变化特征,揭示了义马煤田回采巷道冲击破坏机理,并归纳了影响巷道冲击破坏的关键因素,得到主要结论如下:

(1)阐明了在不同应力条件下,巷道围岩塑性区形态特征差异较大。

①当双向载荷比值为 1 时,随着竖向载荷 P_1 的增大,巷道围岩塑性区从不规则形态逐渐趋近于圆形,当竖向载荷 P_1 大于 40 MPa 时,由于拱状的承载能力大于拱形巷道直线型底板的承载能力,导致巷道底板塑性区深度向深部扩展的幅度较大;

②当双向载荷比值为 1.5 时,随着竖向载荷 P_1 的增大,尽管受到煤层倾角及巷道底煤厚度不均的影响,巷道围岩塑性区的整体形态从不规则逐渐趋近于椭圆形;

③当双向载荷比值为 3 时,巷道围岩塑性区均呈蝶形(或残缺蝶形)分

布,随着竖向载荷 P_1 的增大,蝶形塑性区的蝶叶逐渐向深部扩展,当竖向载荷 P_1 达到某一极限值时,煤层会发生大范围破坏。

(2)从能量角度出发,分析了加载条件下巷道发生冲击破坏时围岩体内弹性能的变化特征。

(3)获得了塑性区最大尺寸 R_{max} 与竖向载荷 P_1 、水平载荷 P_3 的关系曲线(简称 RPP 曲线)。巷道围岩非蝶形塑性区最大尺寸 R_{max} 与竖向载荷 P_1 之间呈线性关系,而蝶形塑性区最大尺寸与竖向载荷 P_1 之间近似呈正指数关系,这反映出蝶形塑性区对竖向载荷 P_1 的增大是极其敏感的,竖向载荷 P_1 的略微增大,都会导致蝶形塑性区的瞬时扩展。

(4)揭示了义马煤田回采巷道冲击破坏机理。在采动应力、断层等因素的影响下,回采巷道塑性区呈不均匀分布状态,由于受到采掘扰动、巷道扩修、巷内爆破等触发事件产生的扰动作用的影响,使得回采巷道区域应力场突然发生改变,巷道围岩双向载荷也随之发生明显改变,导致围岩蝶形(或残缺蝶形)塑性区出现瞬时扩展,并以震动、声响和煤岩体抛出的形式释放存储于体内和围岩系统中的大量弹性能,出现爆炸式破坏的动力现象。

(5)归纳了义马煤田回采巷道冲击破坏的关键影响因素。主应力的大小和围岩强度对巷道塑性区的形态特征均具有显著影响,并且主应力的大小对塑性区形态特征的影响程度大于围岩强度。在一定的应力和围岩条件下,当巷道围岩存在蝶形塑性区时,最大主应力的增大和围岩强度的减小都会导致塑性区蝶叶出现扩展,并伴随能量释放。在某些条件下,当巷道围岩中不存在蝶形塑性区时,受到外界扰动作用后,巷道围岩瞬态塑性区也会呈蝶形分布。如果蝶形塑性区扩展是瞬时的,将诱发巷道冲击破坏。围岩强度减小时,巷道围岩非蝶形塑性区的不规则形态没有发生变化,并且不会诱发巷道冲击破坏。

6

巷道冲击破坏防控措施及工程实践

巷道冲击破坏的有效防控是矿井实现安全高效生产的关键,并且主应力大小及围岩强度等因素对巷道冲击破坏具有重要影响,因此可以通过优化巷道布置、施工大直径钻孔等手段,改善巷道应力环境,同时采取工作面回采与巷道修护协调进行等措施,以减少外界扰动,避免发生巷道围岩蝶形塑性区的瞬时扩展。

本章以义马煤田千秋矿和耿村矿为工程背景,介绍回采巷道冲击破坏有效防控措施。

6.1 巷道冲击破坏防控关键措施

6.1.1 优化巷道布置

巷道围岩破坏情况取决于其所处的应力环境。以千秋矿为工程背景,介绍巷道位置在冲击破坏防控中的重要性。在现场实际中,由于历史上千秋矿 21 采区内不合理的开采顺序,造成 21141 工作面和 21161 工作面形成了长度为 270 m 的孤岛面,并且孤岛面两侧采空区面积较大,而频繁发生冲击破坏的 21141 工作面运输巷位于孤岛面中部。采用数值模拟分析方法,对比千秋矿 21 采区采用正常顺序开采(即采区内的工作面自上而下开采)时的采动应力场及塑性区特征,有助于阐明巷道布置在冲击破坏防控方面具有重要作用。

在进行数值模拟计算时,正常开采顺序的模拟过程为:开采 21101 工作面→开采 21121 工作面→开采 21141 工作面,如图 6.1 所示。数值模拟计算模型及煤岩层的物理力学参数,分别见图4.4和表4.1。

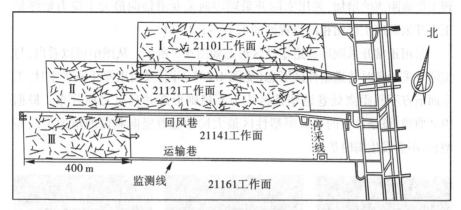

I ~ Ⅲ为工作面开挖顺序

图6.1 数值模拟计算中工作面开挖顺序示意图

当工作面推进400 m时,沿21141工作面运输巷轴向提取工作面前方100 m范围的最大主应力,并结合前文研究结果,可得出实际开采情况和正常开采顺序的主应力曲线,如图6.2所示。

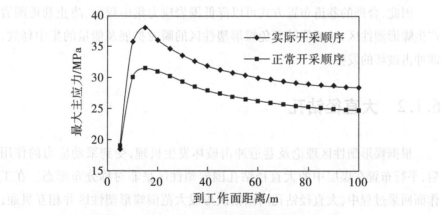

图6.2 不同开采情况下沿巷道轴向最大主应力曲线

由图6.2可以看出,两种开采顺序下工作面推进距离都为400 m时,随着到工作面距离的增大,采用实际开采顺序和正常开采顺序的回采巷道轴向最大主应力都呈现先急剧增大后逐渐减小的趋势,减小的幅度均越来越小,并且峰值位置到工作面的距离均是15 m。但是采用正常开采顺序回采巷道轴向最大主应力为31.58 MPa,而实际开采工作面最大主应力峰值为

38.03 MPa,是采用正常开采顺序的 1.20 倍。从距离工作面 20 m 开始,随着到工作面距离的增加,采用实际开采顺序回采巷道轴向最大主应力始终是正常开采顺序工作面相同位置处的 1.14 ~ 1.15 倍。

采用正常开采顺序巷道塑性区形态如图 6.3 所示。从图中可以看出,与实际开采顺序时巷道塑性区形态(见图 4.20)不同,采用正常开采顺序时,工作面前方不同距离处巷道塑性区均为不规则形态并且呈对称分布。根据RPP 曲线,该条件下的非蝶形塑性区最大尺寸随着竖向载荷的增大呈线性增长,不会发生瞬时扩展。

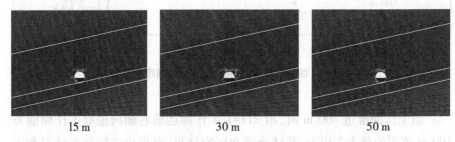

| 15 m | 30 m | 50 m |

图 6.3　工作面推进 400 m 时回采巷道塑性区形态特征

因此,合理的巷道布置方式可以降低围岩应力集中程度、防止巷道围岩产生蝶形塑性区,从而能够避免蝶形塑性区的瞬时扩展及能量的集中释放,即冲击破坏的发生。

6.1.2　大直径钻孔

根据蝶形塑性区理论及巷道冲击破坏发生机理,受到采动应力的作用后,平行布置在煤层中的大直径钻孔围岩塑性区呈非对称分布形态。在工作面回采过程中,大直径钻孔周围依次形成大范围蝶形塑性区并相互贯通,煤岩体中积聚的弹性能得到缓慢释放,从而降低了冲击危险性[254]。

根据千秋矿所处工程地质环境,通过数值模拟分析可以得出,当支承压力系数为 2 时,直径为 153 mm 的圆形钻孔围岩塑性区呈蝶形分布(如图 6.4所示),蝶叶最大尺寸为 0.5 m。因此,布置在工作面前方的大直径钻孔间距不应超过 1 m。

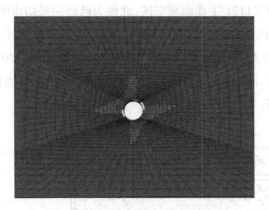

图6.4 大直径钻孔围岩塑性区形态

6.2 巷道冲击破坏防控工程实践

6.2.1 工程背景

2015 年 12 月 22 日,耿村矿 13230 工作面运输巷发生了一次严重冲击破坏事件,造成重大经济损失和人员伤亡,并导致 13230 工作面运输巷安全出口以外长度约 150 m 的巷道出现严重底臌、断面大幅收缩,巷道内部分机电、运输、支护等设备设施损坏或侧翻。文献[112]对该巷道冲击破坏事件的发生机理进行了研究。

耿村矿是河南能源化工集团义煤公司的主力矿井之一,采用斜立井单水平上下山开拓方式,井田煤系地层为侏罗系义马组,主采煤层为 2-3 煤,煤层倾角 9°～13°,煤层具有强冲击倾向性。2-3 煤直接顶为灰黑色泥岩,平均厚度为 20.5 m;基本顶为砂质泥岩、砾岩,层理不明显,平均厚度为 280.3 m;基本顶之上为厚度超过 300 m 的巨厚砾岩;直接底为泥岩,平均厚度 1.5 m,基本底为细砂岩和粉砂岩互层,厚度 12.5 m。

13230 工作面位于 13 采区皮带下山东侧,平均埋深 622 m,采用走向长壁后退式采煤法和综采放顶煤一次采全高采煤工艺,自然垮落法管理顶板,走向可采长度为 971 m。工作面东至耿村煤矿和千秋煤矿井田边界,与其向背的是千秋煤矿 21121 工作面采空区,北侧为已经回采结束的 13210 等 5 个工作面采空区,西侧和南侧均为未开采的实体煤。13230 工作面运输巷和回风巷断面形状均为半圆拱形,净宽 6.2 m、净高 4.15 m,13230 工作面回风巷与紧邻的 13210 工作面采空区之间留设宽度为 8 m 的护巷煤柱,工作面布置示意图见图 6.5。

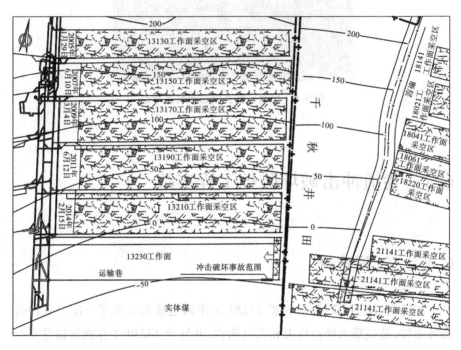

图 6.5 耿村矿工作面布置示意图

6.2.2 巷道冲击破坏防控工程实践

为了避免复产后的 13230 工作面发生巷道冲击破坏,主要采取了以下防控措施。

6.2.2.1 大直径钻孔

由于耿村矿 13230 工作面紧邻千秋矿,两矿井地质条件比较接近,因此大直径钻孔间距为 1 m。大直径钻孔具体布置方式为:

(1)工作面超前卸压。13230 工作面复产回采前和回采期间,在超前工作面300 m范围内的回风巷的下帮和运输巷的上、下帮施工大直径钻孔,如图6.6、6.7 所示。

(2)大直径钻孔开口位置距巷道底板不小于1 m。钻孔垂直于巷帮煤墙,运输巷上帮钻孔倾角10°~13°,回风巷下帮及运输巷上帮钻孔倾角1°~3°,回风巷下帮及运输巷上帮孔深不小于30 m,运输巷下帮孔深不小于25 m。钻孔直径为153 mm,孔间距不大于1 m,孔口用黄泥封孔,封孔长度不小于2 m。

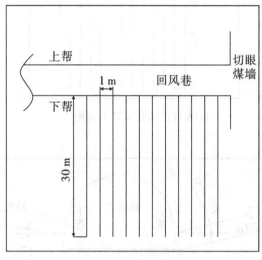

(a)大直径钻孔布置平面图

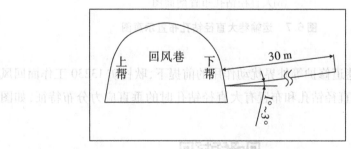

(b)大直径钻孔布置剖面图

图6.6 回风巷大直径钻孔布置示意图

（接前 300 m 范围内防冲区域及基础工程相对薄弱的上一…（模糊）工，矛盾较为突出，…
24.6.4万元。

（2）大断面…（模糊）打打工打…（模糊）钻孔直径为1 m，…钻孔走向下帮掘进…
（模糊）上帮掘进，10~13°…（模糊）倾斜布置走向布置钻孔布向1°~
3，…（模糊）工作…（模糊）…（模糊）…向矛盾下帮钻孔走向上下
25 m，…（模糊）打打工走、…（模糊）…（模糊）…（模糊）…出煤量较多，打孔较快
本相对较少…m。

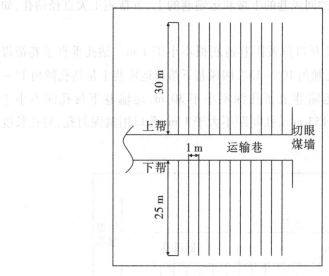

(a)大直径钻孔布置平面图

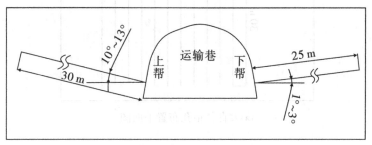

(b)大直径钻孔布置剖面图

图 6.7　运输巷大直径钻孔布置示意图

　　在不考虑巷道修护等外界扰动作用的前提下，耿村矿 13230 工作面回风
巷、运输巷无大直径钻孔和布置有大直径钻孔时的垂直应力分布特征，如图
6.8 所示。

图 6.8　垂直应力分布特征

从图 6.8 中可以看出,在上述两种情况下,在 13230 工作面前方靠近 13210 工作面采空区一侧形成了垂直应力等值线密度和峰值均明显高于其他区域的应力集中"三角区"。以 34 MPa 等值线为例,无大直径钻孔时,沿 13230 工作面倾向 34 MPa 等值线分布长度约 120 m,沿工作面倾向 34 MPa 分布长度约 130 m;而布置有大直径钻孔时,34 MPa 等值线沿 13230 工作面倾向和走向分布长度分别为 70 m 和 150 m,并且运输巷超前段应力集中程度明显小于无大直径钻孔时的集中程度。对比可知,在 13230 工作面两巷布置大直径钻孔后,能够降低运输巷和工作面前方(沿倾向方向)的应力集中范围和应力峰值,运输巷所处的应力环境得到明显改善。

6.2.2.2　减少采掘扰动

前文研究表明,工作面推进速度对煤岩体的受载状态有着重要影响,并且推进速度越快,煤岩体竖向载荷越大,煤岩体破坏就越严重,此外,采掘扰动、巷道扩修、巷内爆破等触发事件均可能造成巷道区域应力场发生改变并诱发巷道冲击破坏。

因此,为避免由于 13230 工作面推进速度过快造成的能量大量积聚,13230 工作面复产后实施限速推进,每月推进度不大于 25 m,日进尺不超过 1 m。同时,为避免外界扰动的叠加影响,在 13230 工作面同一巷道内的修护施工地点不得超过两个,间距不小于 150 m,并且朝向同一个方向进行;两巷需要同时修护时,每条巷道只允许一个修护地点施工,两施工地点走向错距不得小于 150 m,并且朝着同一个方向进行。此外,巷道修护不得与工作面回采同时进行。

此外,相关研究表明[255-256],岩石单向抗压强度随着含水量的增大而减小,因此,在工作面回采之前或回采期间,超前对煤层进行注水,能够改变煤体物理力学性质,降低煤体强度,从而降低煤体冲击危险性。为避免采动应力与注水压力产生叠加影响,并防止围岩中存在蝶形塑性区的巷道在围岩强度减小时,蝶形塑性区发生扩展,应在工作面超前应力剧烈影响区域提前停止带压注水。

根据实际生产地质条件,上行注水钻孔倾角 10°~13°,下行注水钻孔倾角 1°~3°,钻孔间距 20 m,孔口距巷道底板 1~1.5 m,封孔长度:25 m,注水压力约 10~12 MPa。当出现注水压力长时间较低、注水压力突降或煤壁明显渗水等现象时,可停止煤层注水。

6.2.3 巷道冲击破坏监测预警

耿村矿建立了"钻屑和应力监测为主,微震监测为辅"的综合监测预警体系,实时监控复产后的13230工作面回采期间应力、能量变化及采掘扰动情况,综合分析监测数据,达到预警值时采取措施进行大直径钻孔进行卸压解危或下达停产撤人命令。

(1)钻屑监测

1)钻屑监测孔参数。孔径75 mm,孔深20 m,上行钻孔倾角10°~13°,下行钻孔倾角1°~3°,孔间距15 m,如图6.9、图6.10所示。

2)预警指标。在钻屑监测实施过程中,若出现以下情况,表明该区域具有冲击危险性,应及时采取应对措施:

①任何1 m的钻屑量超过临界值时,不同钻孔深度钻屑量临界指标见表6.1;

②在施工钻屑监测孔的过程中,发生严重吸钻、钻杆卡死、煤炮频繁等动力现象时。

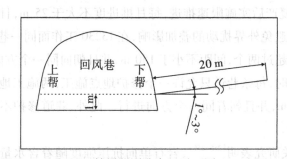

(a)钻屑监测孔布置平面图

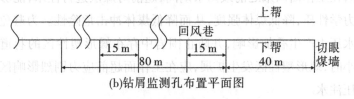

(b)钻屑监测孔布置平面图

图6.9　回风巷钻屑监测孔布置示意图

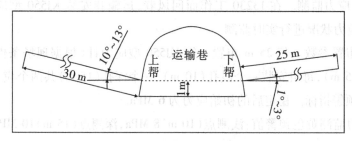

(a)钻屑监测孔布置平面图

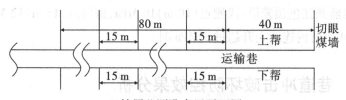

(b)钻屑监测孔布置平面图

图6.10 运输巷钻屑监测孔布置示意图

表6.1 钻屑监测临界值

钻孔深度/m	4~6	7~9	10~12	13~15	16~20
临界指标/kg	8	11	17	23	29

注:钻孔直径为75 mm。

(2)微震监测

1)监测设备布置。Aramis 低频微震监测:在 13230 工作面回风巷716 m、运输巷823 m 处及东区避难硐室口、行人下山底部共安装 4 个 Aramis 低频拾震器。13230 工作面复产前,为提高监测精度,增加了水泥监测平台的深度,在 13230 工作面回风巷、运输巷各增加一个拾震器。

ESG 高频微震监测:在 13230 工作面回风巷、运输巷各安装 6 个检波器,呈"品"字型布置,安装间距 150~200 m,覆盖 13230 工作面整个区域。

在 13230 工作面回采过程中,不断优化拾震器和检波器的布置,以确保监测精度。

2)预警指标。

①微震事件频次、能量在三天内呈连续上升趋势;

②出现大能量事件(超过 10^6 J 或 24 小时内出现 5 次以上 10^5 J 事件)。

（3）应力监测。在 13230 工作面回风巷、运输巷安装 KJ550 型应力计，对煤体应力状况进行实时监测。

1）布置参数。每 25 m 布置 1 组 KJ550 型应力计（根据现场条件，间距误差为±5 m），每组安装一个浅孔（10 m）、一个深孔（15 m）共两个应力计。

2）预警指标。稳定后的初始应力为 6 MPa。

应力监测黄色预警值：浅测点（10 m）8 MPa，深测点（15 m）10 MPa，应力值在 24 小时内连续上升超过 1 MPa 时；

应力监测红色预警值：浅测点（10 m）10 MPa，深测点（15 m）12 MPa。应力值在 24 小时内连续上升超过 3 MPa 时。

6.2.4　巷道冲击破坏防控效果分析

选取耿村矿 13230 工作面 2017 年 12 月和 2018 年 1 月的微震监测数据，见图 6.11。根据微震监测结果可以得出，在 13230 工作面采取了钻孔卸压、减少采掘扰动及限速推进等多种防控措施后，在这两个月里，均没有出现微震事件频次、能量在三天内呈连续上升的情况，并且也没有出现过超过能量 10^6 J 或 24 小时内出现 5 次以上能量超过 10^5 J 的事件。从图 6.11（a）中可以看出，2017 年 12 月份，最大能量为 7.5×10^5 J，发生在 12 月 21 日，并且能量级为 10^3 J 和 10^5 J 的事件各发生 1 次。从图 6.11（b）中可以看出，2018 年 2 月份，最大能量为 5.7×10^5 J，发生在 1 月 12 日，并且能量级为 10^3 J、10^4 J 和 10^5 J 的事件各发生 1 次，总能量为 6.3×10^5 J。

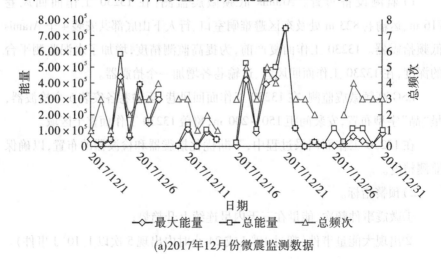

（a）2017年12月份微震监测数据

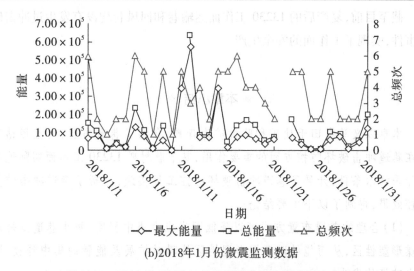

(b)2018年1月份微震监测数据

图6.11　耿村矿13230工作面微震监测能量和频次曲线

在钻屑法施工过程中,对比每米钻孔所对应的钻屑量与临界值,并注意钻进过程中的动力现象。在13230工作面回采过程中,按照设定的监测范围和钻孔参数,记录每次监测到的最大钻屑量及钻孔深度,并统计工作面推进长度与最大钻屑量关系。2017年12月和2018年1月13230工作面累计推进36 m,钻屑量和钻孔深度如图6.12所示。从图中可以看出,在监测周期内,钻屑量波动幅度不大,最大钻屑量为12.37 kg,钻孔深度为17 m,明显小于临界值。另外,在监测周期内,应力监测也没有出现达到预警值的情况。

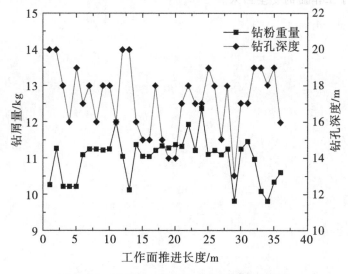

图6.12　耿村矿13230工作面钻屑监测曲线

截至目前，复产后的 13230 工作面运输巷和回风巷均没有发生过冲击破坏事件，实现了工作面的安全生产。

❖ 本章小结 ❖

本章以义马煤田千秋矿和耿村矿为背景，介绍了巷道布置、大直径钻孔等在巷道冲击破坏防控方面的重要作用，基于耿村矿 13230 工作面实际地质与开采技术条件，开展了巷道冲击破坏防控工程实践，分析了巷道冲击破坏防控效果，得到了以下主要结论：

（1）合理的巷道布置方式可以降低围岩应力集中程度、防止巷道围岩产生蝶形塑性区，从而能够避免蝶形塑性区的瞬时扩展及能量的集中释放，即冲击破坏的发生。

（2）基于蝶形塑性区理论揭示了冲击危险性大直径钻孔解危机理。在工作面回采过程中，大直径钻孔周围依次形成大范围蝶形塑性区并相互贯通，煤岩体中积聚的弹性能得到缓慢释放，从而降低了冲击危险性。结合耿村矿 13230 工作面的地质与开采技术条件，介绍了大直径钻孔卸压、减少采掘扰动等防控措施的具体参数和操作方法。结果表明，在 13230 工作面两巷超前布置大直径钻孔，可以明显降低工作面前方的应力集中程度，减小运输巷围岩竖向载荷，避免了复采后的 13230 工作面巷道冲击破坏事件的再次发生，实现了工作面的安全回采。

7

结论与展望

7.1　主要结论

本书以位于河南义马煤田中部的千秋矿为工程背景,采用现场调研、实验室试验、数值模拟等方法,研究了不同受载状态下煤体冲击破坏能量特征,并以巷道围岩塑性区形态特征为主线,研究了采动应力场特征、回采巷道塑性区演化规律以及不同应力条件对塑性区形态特征的影响,揭示了义马煤田回采巷道冲击破坏机理,归纳了巷道冲击破坏关键影响因素,形成了如下主要结论和创新性成果:

(1)获取了义马煤田巷道冲击破坏特征及分布规律。义马煤田煤层上覆岩层厚度大,并受到逆断层影响,使得巷道处于复杂的高应力环境中,在采掘扰动、巷道扩修、巷内爆破等动载因素的作用下,导致巷道冲击破坏事件频发。巷道冲击破坏特征主要表现为巷道严重底臌、两帮大幅收缩、支护体严重损毁,甚至巷道合拢等。巷道冲击破坏多发生在工作面回采期间,发生位置埋深较大并且处于采动应力影响范围内。根据统计结果,在 2006—2015 年间义马煤田累计发生 108 次巷道冲击破坏事件,其中埋深大于 600 m 的巷道冲击破坏次数为 90 次,占巷道冲击破坏事件总数的 83.3%,发生在回采期间的巷道冲击破坏次数为 55 次,占事件总数的 50.9%。

在义马煤田中部五对矿井中,千秋矿发生的巷道冲击破坏次数最多,达 41 次,并且千秋矿事件总数的 63.4% 发生在工作面回采期间,占比为 58.5% 的事件发生在埋深超过 600 m 的 21141 工作面运输巷。通过对发生在 21141 工作面运输巷典型冲击破坏事件微震监测前兆特征的分析,发现巷道冲击破坏发生前,微震监测最大能量波动不明显,但是每次能量的急剧增大均伴随有巷道冲击破坏事件的发生。

(2)分析了不同受载状态下煤样试件的声发射信号的能量特征。不同受载状态下,在三轴压缩过程中试件的声发射信号随时间的变化经历了三个阶段,即静默期、爆发期和峰后释放期。在静默期试件内的原生裂隙闭合并发生弹性变形,整体的声发射振铃计数和能量均较少,压力机输入的能量大部分转化为试件的弹性能;在爆发期试件内的原生裂纹扩展、贯通,逐步形成宏观裂纹,声发射振铃计数和能量释放呈现爆发式增长,在试件达到峰值应力时,声发射振铃计数和能量释放也达到最大值;峰后释放期内随着应力的跌落声发射信号亦随之减弱甚至消失。

加载速率和围压都对试件的冲击破坏有着显著影响。围压相同,随着加载速率的增大,试件声发射事件数量逐渐减少,能量峰值逐渐增大,试件破坏程度逐渐增加;加载速率相同,随着围压的减小,试件声发射事件数量逐渐增多,能量峰值也具有逐渐增大的趋势,试件的破坏程度也越严重,并且试件上部的声发射事件明显多于下部。一定条件下的加载速率和围压均能诱发大能量事件,并导致试件发生冲击破坏。

(3)得出了义马煤田采动应力场特征以及回采巷道塑性区演化规律

1)受工作面回采的影响,回采巷道区域主应力场的大小和方向将发生改变。沿回采巷道轴向最大主应力呈现先急剧增大后逐渐减小的趋势,减小的幅度越来越小,并且最大主应力峰值位置到工作面的距离为 15 m。最大主应力与 x 轴夹角随着到工作面距离的增大而逐渐增大并接近于竖直方向。最小主应力在距离工作面约 25 m 处达到最大后,随着到工作面距离的增大而缓慢减小,但是其减小的幅度小于最大主应力减小的幅度。

在采动应力作用下,回采巷道塑性区的最大尺寸及其方向等形态特征发生明显变化。工作面推进至某一位置时,到工作面不同距离处的塑性区形态特征不同,随着到工作面距离的减小,回采巷道两肩角处塑性区不断向深部扩展,其形态由不规则逐渐演化成蝶形,并且受最大主应力的影响,塑性区蝶叶方向会发生偏转。某一位置处的塑性区形态也随着工作面的推进,由不规则形态逐渐演化成蝶形,蝶叶方向也会发生偏转。

在 21141 工作面推进过程中,在工作面前方与 21121 工作面采空区相衔接的拐角处形成了应力集中"三角区",在工作面推进距离分别为 270 m、400 m 和 700 m 时,21141 工作面前方最大主应力等值线则分别近似呈"L"

形、"L+U"形和"U"形分布。工作面前方 20 m 范围内的最小主应力等值线密度相对较大,达到峰值后趋于稳定。

2)阐述了不同应力条件下,巷道围岩塑性区形态特征。当双向载荷比值为 1 时,随着竖向载荷的增大,巷道围岩塑性区形态特征从不规则逐渐趋近于圆形,当竖向载荷大于 40 MPa 时,由于拱状的承载能力大于直线型底板的承载能力,导致巷道底板塑性区深度向深部扩展的幅度较大;

当双向载荷比值为 1.5 时,随着竖向载荷的增大,尽管受到煤层倾角及底煤厚度不均的影响,巷道围岩塑性区的整体形态从不规则逐渐趋近于椭圆形;

当双向载荷比值为 3 时,巷道围岩塑性区均呈蝶形(或残缺蝶形)分布,随着竖向载荷的增大,蝶形塑性区的蝶叶逐渐向深部扩展,当竖向载荷达到某一极限值时,煤层会发生大范围破坏。

(4)发现了巷道围岩蝶形塑性区的瞬时扩展特性。获得了巷道围岩塑性区最大尺寸 R_{max} 与边界载荷 P_1、P_3 之间的关系曲线(简称 RPP 曲线),阐明了不同应力条件下巷道围岩塑性区最大尺寸具有缓慢增加和急剧增大两种响应特征。巷道围岩非蝶形塑性区最大尺寸与竖向载荷之间呈线性关系,而蝶形塑性区最大尺寸与竖向载荷之间近似呈正指数关系。

RPP 曲线反映出蝶形塑性区对竖向载荷的增大是极其敏感的,在某些应力和围岩条件下,竖向载荷的略微增大,都会导致蝶形塑性区的瞬时扩展。只有当巷道围岩出现蝶形塑性区时,才有可能发生塑性区的瞬时扩展,即巷道冲击破坏。从能量角度出发,分析了加载条件下巷道发生冲击破坏时围岩体内弹性能的变化特征。

(5)揭示了义马煤田回采巷道冲击破坏机理。在采动应力、断层等因素的影响下,回采巷道塑性区呈不均匀分布状态,由于受到采掘扰动、巷道扩修、巷内爆破等触发事件产生的扰动作用的影响,使得回采巷道区域应力场突然发生改变,巷道围岩双向载荷也随之发生明显改变,导致围岩蝶形(或残缺蝶形)塑性区出现瞬时扩展,并以震动、声响和煤岩体抛出的形式释放存储于体内和围岩系统中的大量弹性能,出现爆炸式破坏的动力现象。

(6)归纳了义马煤田回采巷道冲击破坏的关键影响因素。主应力的大小和围岩强度对巷道塑性区的形态特征均具有显著影响,并且主应力的大小对塑性区形态特征的影响程度大于围岩强度。在一定的应力和围岩条件下,当巷道围岩存在蝶形塑性区时,最大主应力的增大或者围岩强度的减小都会导致蝶形塑性区出现扩展,并伴随能量释放。在某些条件下,当巷道围岩中不存在蝶形塑性区时,受到触发事件产生的扰动作用后,巷道围岩瞬态塑性区也会呈蝶形分布。如果蝶形塑性区扩展是瞬时的,将诱发巷道冲击破坏。围岩强度减小时,巷道围岩非蝶形塑性区的不规则形态没有发生变化,并且不会诱发巷道冲击破坏。

以义马煤田千秋矿和耿村矿为背景,介绍了优化巷道布置、大直径钻孔等措施在巷道冲击破坏防控方面的重要作用。合理的巷道布置方式可以降低围岩应力集中程度、防止巷道围岩产生蝶形塑性区,从而能够避免蝶形塑性区的瞬时扩展及能量的集中释放,即冲击破坏的发生。基于蝶形塑性区理论揭示了冲击危险性大直径钻孔解危机理。在工作面回采过程中,大直径钻孔周围依次形成大范围蝶形塑性区并相互贯通,煤岩体中积聚的弹性能得到缓慢释放,从而降低冲击危险性。

7.2 主要创新点

(1)揭示了义马煤田回采巷道冲击破坏机理。根据巷道冲击破坏机理分析模型(见图5.7),在采动应力、断层等因素的影响下,回采巷道塑性区呈不均匀分布状态,由于受到采掘扰动、巷道扩修、巷内爆破等触发事件产生的扰动作用的影响,使得回采巷道区域应力场突然发生改变,导致蝶形(或残缺蝶形)塑性区出现瞬时扩展,并以震动、声响和煤岩体抛出的形式释放存储于体内和围岩系统中的大量弹性能,出现爆炸式破坏的动力现象。

(2)发现了巷道围岩蝶形塑性区的瞬时扩展特性。获得了巷道围岩塑性区最大尺寸 R_{max} 与边界载荷 P_1、P_3 之间的关系曲线(简称 RPP 曲线,如图5.4所示),阐明了不同应力条件下巷道围岩塑性区最大尺寸具有缓慢增加和急剧增大两种响应特征。巷道围岩非蝶形塑性区最大尺寸与竖向载荷之间呈线性关系,而蝶形塑性区最大尺寸与竖向载荷之间近似呈正指数关系。RPP 曲线反映出蝶形塑性区对竖向载荷的增大是极其敏感的,在某些应力和围岩条件下,竖向载荷的略微增大,都会导致蝶形塑性区的瞬时扩展,即巷道冲击破坏。

(3)归纳了义马煤田回采巷道冲击破坏的关键影响因素。主应力的大小和围岩强度对巷道塑性区的形态特征均具有显著影响,并且主应力的大小对塑性区形态特征的影响程度大于围岩强度。在一定的应力和围岩条件下,当巷道围岩存在蝶形塑性区时,最大主应力的增大和围岩强度的减小都会导致塑性区蝶叶出现扩展,并伴随能量释放。在某些条件下,当巷道围岩中不存在蝶形塑性区时,受到触发事件产生的扰动作用后,巷道围岩瞬态塑性区也会呈蝶形分布。如果蝶形塑性区扩展是瞬时的,将诱发巷道冲击破坏。围岩强度减小时,巷道围岩非蝶形塑性区的不规则形态没有发生变化,并且不会诱发巷道冲击破坏。

7.3　展望

巷道冲击破坏是近年来采矿工程领域的热点和难点问题,尤其是进入深部开采以后,直接关乎我国煤炭资源的安全高效开采。本书以位于义马煤田中部的千秋矿为工程背景,在研究煤体冲击破坏能量特征的基础上,以巷道围岩塑性区形态特征为主线,对回采巷道围岩应力及塑性区的瞬时扩展和能量变化特征进行了系统研究,获得了塑性区最大尺寸与边界载荷之间的关系曲线(即 RPP 曲线),揭示了义马煤田回采巷道冲击破坏机理,并归纳了回采巷道冲击破坏的关键影响因素。但是由于作者认识水平有限并受研究条件的限制,需要从以下几个方面继续开展研究:

(1)本书对义马煤田回采巷道冲击破坏机理的研究,主要是基于巷道围岩塑性区形态特征,并结合巷道冲击破坏现场支护体失效形式对蝶型冲击破坏进行了定性分析,下一步将建立顶板失稳力学分析模型,分析顶板发生失稳的力学条件及其对回采巷道围岩的作用力,并结合蝶形塑性区理论,研究靠近采空区一侧且未发生冲击破坏巷道围岩区域应力场及塑性区形态特征,进一步完善蝶型冲击破坏机理。

(2)本书研究了触发事件产生的扰动作用下,巷道围岩塑性区瞬时扩展并诱发巷道冲击破坏,下一步需要对发生巷道冲击破坏的充分和必要条件继续深入分析。

参考文献

[1]翟明华,姜福兴,齐庆新,等.冲击地压分类防治体系研究与应用[J].煤炭学报,2017,42(12):3116-3124.

[2]高明仕,刘亚明,赵一超,等.深部煤巷顶板冲击裂变失稳机制及其动力表现型式[J].煤炭学报,2017,42(7):1650-1655.

[3]谢和平,王金华,王国法,等.煤炭革命新理念与煤炭科技发展构想[J].煤炭学报,2018,43(5):1187-1197.

[4]王金华,谢和平,刘见中,等.煤炭近零生态环境影响开发利用理论和技术构想[J].煤炭学报,2018,43(5):1198-1209.

[5]BP.BP 世界能源统计年鉴(2018 年)[M].London:BP, 2018.

[6]钱鸣高,许家林,王家臣.再论煤炭的科学开采[J].煤炭学报,2018,43(1):1-13.

[7]国家煤矿安全监察局科技装备司,煤矿重大动力灾害防控协同创新中心.全国煤矿冲击地压矿井专项调研报告[R].2017.

[8]潘一山,吕祥锋,李忠华,等.高速冲击载荷作用下巷道动态破坏过程试验研究[J].岩土力学,2011,32(5):1281-1286.

[9]李佃平.煤矿边角孤岛工作面诱冲机理及其控制研究[D].徐州:中国矿业大学,2012.

[10]ANDERSON T L. Fracture Mechanics:Fundamentals and Applications[M].Boca Raton:CRC Press, 2005.

[11]徐学锋.煤层巷道底板冲击机理及其控制研究[D].徐州:中国矿业大学,2011.

[12]刘宏军.双侧采空孤岛煤体冲击地压发生机理与防治技术研究[D].北京:中国矿业大学(北京),2016.

[13]YI X P,KAISER P K. Mechanism of rock mass failure and prevention strategies in rockburst condition[J]. Rock bursts and Seismicity in Mines, 1993.

[14]冯俊军.应力波产生机制及对冲击地压影响研究[D].徐州:中国矿业大学, 2016.

[15]吕祥锋,潘一山,唐巨鹏,等.煤巷与支护相互作用的冲击破坏试验与数

值分析[J].岩土力学,2012,33(2):604-610.

[16]吕祥锋,潘一山.刚柔耦合吸能支护煤岩巷道冲击破坏相似试验与数值计算对比分析[J].岩土工程学报,2012,34(3):477-482.

[17]吕祥锋.刚—柔耦合支护防治冲击地压机理研究[D].阜新:辽宁工程技术大学,2012.

[18]窦林名,田京城,陆菜平,等.组合煤岩冲击破坏电磁辐射规律研究[J].岩石力学与工程学报,2005,24(19):3541-3544.

[19]潘一山.冲击地压发生和破坏过程研究[D].北京:清华大学,1999.

[20]金佩剑.含瓦斯煤岩冲击破坏前兆及多信息融合预警研究[D].徐州:中国矿业大学,2013.

[21] VAN DER MERWE J N. Review of coal pillar lifespan prediction for the Witbank and Highveld coal seams[J]. Journal of the Southern African Institute of Mining and Metallurgy. 2016, 116(11):1083-1090.

[22]王宏伟,姜耀东,高仁杰,等.长壁孤岛工作面冲击失稳能量场演化规律[J].岩土力学,2013,34(S1):479-485.

[23]曹建军,易恩兵.孤岛工作面围岩运移及冲击破坏数值模拟研究[J].矿业安全与环保,2015,42(2):20-23.

[24]王四巍,刘汉东,姜彤.动静载荷联合作用下冲击地压巷道破坏机制大型地质力学模型试验研究[J].岩石力学与工程学报,2014,33(10):2095-2100.

[25]窦林名,何江,曹安业,等.煤矿冲击矿压动静载叠加原理及其防治[J].煤炭学报,2015,40(07):1469-1476.

[26]高明仕,赵一超,温颖远,等.震源扰动型巷道冲击矿压破坏力能准则及实践[J].煤炭学报,2016,41(04):808-814.

[27]曹安业,范军,牟宗龙,等.矿震动载对围岩的冲击破坏效应[J].煤炭学报,2010,35(12):2006-2010.

[28]李楠,李保林,陈栋,等.冲击破坏过程微震波形多重分形及其时变响应特征[J].中国矿业大学学报,2017,46(05):1007-1013.

[29]牟宗龙.顶板岩层诱发冲击的冲能原理及其应用研究[J].中国矿业大学学报,2009,38(1):149-150.

[30]朱广安.深地超应力作用效应及孤岛工作面整体冲击失稳机理研究[D].徐州:中国矿业大学,2017.

[31] 李成武,杨威,徐晓萌,等.煤体冲击破坏超低频/极低频电磁异常特征分析[J].煤炭学报,2014,39(10):2014-2021.

[32] 李成武,韦善阳,张世杰,等.煤体冲击破坏过程中的近磁场突变效应及其机理研究[J].采矿与安全工程学报,2013,30(4):542-547.

[33] 李成武,解北京,杨威,等.煤冲击破坏过程中的近距离瞬变磁场变化特征研究[J].岩石力学与工程学报,2012,31(5):973-981.

[34] 谢龙,窦林名,刘命元,等.构造应力作用下巷道底板冲击破坏的原因分析[J].煤矿安全,2012,43(01):153-156.

[35] 王登科,刘淑敏,魏建平,等.冲击破坏条件下煤的强度型统计损伤本构模型与分析[J].煤炭学报,2016,41(12):3024-3031.

[36] 王正义,窦林名,王桂峰.动载作用下圆形巷道锚杆支护结构破坏机理研究[J].岩土工程学报,2015,37(10):1901-1909.

[37] 刘少虹,李凤明,蓝航,等.动静加载下煤的破坏特性及机制的试验研究[J].岩石力学与工程学报,2013,32(S2):3749-3759.

[38] 尤小明.动静载叠加扰动对巷道围岩的冲击破坏[J].金属矿山,2017,6:56-60.

[39] 陈建功,周陶陶,张永兴.深部洞室围岩分区破裂化的冲击破坏机制研究[J].岩土力学,2011,32(9):2629-2634,2644.

[40] 解北京.煤冲击破坏动力学特性及磁场变化特征实验研究[D].北京:中国矿业大学(北京),2013.

[41] 陈腾飞,许金余,刘石,等.岩石在冲击压缩破坏过程中的能量演化分析[J].地下空间与工程学报,2013,9(S1):1477-1482.

[42] 穆朝民,宫能平.煤体在冲击荷载作用下的损伤机制[J].煤炭学报,2017,42(8):2011-2018.

[43] 姜福兴,魏全德,王存文,等.巨厚砾岩与逆冲断层控制型特厚煤层冲击地压机理分析[J].煤炭学报,2014,39(7):1191-1196.

[44] 庞龙龙,徐学锋,司亮.开采上保护层对巨厚砾岩诱发冲击矿压的减冲机制分析[J].岩土力学,2016,37(S2):120-128.

[45] 魏全德.巨厚砾岩下特厚煤层冲击地压发生机理及防治研究[D].北京:北京科技大学,2015.

[46] 张科学,何满潮,姜耀东.断层滑移活化诱发巷道冲击地压机理研究[J].煤炭科学技术,2017,45(2):12-20,64.

[47] 张科学. 构造与巨厚砾岩耦合条件下回采巷道冲击地压机理研究[D]. 北京: 中国矿业大学(北京), 2015.

[48] 焦振华. 采动条件下断层损伤滑移演化规律及其诱冲机制研究[D]. 北京: 中国矿业大学(北京), 2017.

[49] 吕进国. 巨厚坚硬顶板条件下逆断层对冲击地压作用机制研究[D]. 北京: 中国矿业大学(北京), 2013.

[50] 曾宪涛. 巨厚砾岩与逆冲断层共同诱发冲击失稳机理及防治技术[D]. 北京: 中国矿业大学(北京), 2014.

[51] 徐学锋, 窦林名, 刘军, 等. 巨厚砾岩对围岩应力分布及冲击矿压影响的 "O"型圈效应[J]. 煤矿安全, 2011, 42(7): 157-160.

[52] 冀贞文, 白光超. 深部巨厚砾岩层下高应力煤柱冲击地压防治技术[J]. 煤炭科学技术, 2014, 42(11): 5-7, 25.

[53] 张寅. 深部特厚煤层巷道冲击地压机理及防治研究[D]. 徐州: 中国矿业大学, 2010.

[54] 张明, 姜福兴, 李家卓, 等. 基于巨厚岩层-煤柱协同变形的煤柱稳定性[J]. 岩土力学, 2018, 39(2): 705-714.

[55] 郭惟嘉, 孔令海, 陈绍杰, 等. 岩层及地表移动与冲击地压相关性研究[J]. 岩土力学, 2009, 30(2): 447-451.

[56] 郭惟嘉, 孙文斌. 强冲击地压矿井地表非连续移动变形特征[J]. 岩石力学与工程学报, 2012, 31(S2): 3514-3519.

[57] 史红. 综采放顶煤采场厚层坚硬顶板稳定性分析及应用[D]. 青岛: 山东科技大学, 2005.

[58] 史红, 姜福兴. 采场上覆大厚度坚硬岩层破断规律的力学分析[J]. 岩石力学与工程学报, 2004, 23(18): 3066-3069.

[59] 史红, 姜福兴. 综放采场上覆厚层坚硬岩层破断规律的分析及应用[J]. 岩土工程学报, 2006, 28(4): 525-528.

[60] 王淑坤, 张万斌. 冲击地压发生与顶板性质的关系[C]. 第三届全国岩石动力学学术会议论文选集. 1992, 467-472.

[61] HE J, DOU L M, MU Z L, et al. Numerical simulation study on hard-thick roof inducing rock burst in coal mine[J]. Journal of Central South University. 2016, 23(9): 2314-2320.

[62] 刘德乾. 深埋煤层采动过程顶板聚压与煤柱受力的关联性及其断层结

构影响[D].徐州:中国矿业大学,2009.

[63]李新元,马念杰,钟亚平,等.坚硬顶板断裂过程中弹性能量积聚与释放的分布规律[J].岩石力学与工程学报,2007,26(S1):2786-2793.

[64]庞绪峰.坚硬顶板孤岛工作面冲击地压机理及防治技术研究[D].北京:中国矿业大学(北京),2013.

[65]杜学领.厚层坚硬煤系地层冲击地压机理及防治研究[D].北京:中国矿业大学(北京),2016.

[66]CAMPOLI A A, KERTIS C A, GOODE C A. Coal mine bumps: five case studies in the eastern United States[M]. U. S. Department of the Interior, Bureau of Mines, 1987.

[67]蓝航,杜涛涛,彭永伟,等.浅埋深回采工作面冲击地压发生机理及防治[J].煤炭学报,2012,37(10):1618-1623.

[68]李浩荡,蓝航,杜涛涛,等.宽沟煤矿坚硬厚层顶板下冲击地压危险时期的微震特征及解危措施[J].煤炭学报,2013,38(S1):6-11.

[69]王高利.厚硬顶板破断规律及控制研究[D].淮南:安徽理工大学,2008.

[70]谭诚.煤层巨厚坚硬顶板超前深孔爆破强制放顶技术研究[D].淮南:安徽理工大学,2011.

[71]牟宗龙,窦林名,张广文.坚硬顶板型冲击矿压灾害防治研究[J].中国矿业大学学报,2006,35(6):737-741.

[72]吴兴荣,郭海泉,黄修典.坚硬顶板冲击矿压的预测与防治[J].矿山压力与顶板管理,1999,3/4:211-214.

[73]李志华,窦林名,张小涛.坚硬顶板卸压爆破对冲击矿压防治的数值分析[J].中国煤炭,2006,32(2):38-41.

[74]汤伯森.弹塑围岩最小支护抗力和最大允许变形的估算[J].岩土工程学报,1986,8(4):81-88.

[75]孔恒,马念杰,王梦恕,等.基于顶板离层监测的锚固巷道稳定性控制[J].中国安全科学学报,2002,12(3):58-61,86.

[76]石建军,马念杰,白忠胜.沿空留巷顶板断裂位置分析及支护技术[J].煤炭科学技术,2013,41(7):35-37,42.

[77]张小波,赵光明,孟祥瑞.考虑峰后应变软化与扩容的圆形巷道围岩弹塑性D-P准则解[J].采矿与安全工程学报,2013,30(6):903-910,

916.

[78] 董方庭,宋宏伟,郭志宏,等.巷道围岩松动圈支护理论[J].煤炭学报, 1994,19(1):21-32.

[79] 郭志宏,董方庭.围岩松动圈与巷道支护[J].矿山压力与顶板管理, 1995,12(3/4):111-114.

[80] 周希圣,陈明雄,王朝晖,等.围岩松动圈灰色预测研究[J].煤,1997,2: 15-16,60.

[81] 靖洪文,李元海,梁军起,等.钻孔摄像测试围岩松动圈的机理与实 践[J].中国矿业大学学报,2009,38(5):645-649.

[82] 鹿守敏,董方庭,高明德,等.软岩巷道锚喷网支护工业试验研究[J].中 国矿业学院学报,1987,2:26-35.

[83] 戴俊,乔彦鹏,郭相参,等.煤矿巷道冒落拱高度的测量方法[J].矿业研 究与开发,2009,6:26-27,81.

[84] 何富连,钱鸣高,尚多江,等.综采工作面直接顶碎裂岩体冒顶机理及其 控制[J].中国矿业大学学报,1994,23(2):18-25.

[85] 何富连,刘亮,钱鸣高.综采面直接顶块状松散岩体冒顶之分析与防 治[J].煤,1995,4:7-10.

[86] INDRARATNA B. Design for grouted rock bolts based on the convergence control method[J]. International Journal of Rock Mechanics & Mining Sciences & Geomechanics Abstracts. 1990,27(4):269-281.

[87] DULACSKA H. Dowel action of reinforcement crossing cracks in concrete[J]. Am Concrete Inst Journal & Proceedings, 1972,69(12): 754-757.

[88] 勾攀峰,辛亚军,张和,等.深井巷道顶板锚固体破坏特征及稳定性分 析[J].中国矿业大学学报,2012,41(5):712-718.

[89] 于学馥,乔端.轴变论和围岩稳定轴比三规律[J].有色金属,1981,33 (3):8-15.

[90] 于学馥.轴变论与围岩变形破坏的基本规律[J].铀矿冶,1982,1(1):8- 17,7.

[91] 于学馥.重新认识岩石力学与工程的方法论问题[J].岩石力学与工程 学报,1994,13(3):279-282.

[92] 付强,李晓云.软岩巷道支护理论研究与发展[J].矿业安全与环保,

2007,34(2):70-72.

[93]王建军.从弹塑性力学的角度谈软岩巷道支护理论[J].机械管理开发,2014,1:16-17,37.

[94]钱七虎,李树忱.深部岩体工程围岩分区破裂化现象研究综述[J].岩石力学与工程学报,2008,27(6):1278-1284.

[95]李术才,王汉鹏,钱七虎,等.深部巷道围岩分区破裂化现象现场监测研究[J].岩石力学与工程学报,2008,27(8):1545-1553.

[96]贺永年,张后全.深部围岩分区破裂化理论和实践的讨论[J].岩石力学与工程学报,2008,27(11):2369-2375.

[97]高富强,康红普,林健.深部巷道围岩分区破裂化数值模拟[J].煤炭学报,2010,35(1):21-25.

[98]宋韩菲.深部岩体分区破裂化机理研究[D].重庆:重庆大学,2012.

[99]陈旭光,张强勇,杨文东,等.深部巷道围岩分区破裂现象的试验与现场监测对比分析研究[J].岩土工程学报,2011,33(1):70-76.

[100]苏仲杰,钱七虎.深部硐室围岩分区破裂化现象数值模拟研究[J].武汉理工大学学报,2014,36(2):89-94.

[101]于学馥,郑颖人,刘怀恒,等.地下工程围岩稳定分析[M].北京:煤炭工业出版社,1983.

[102]马念杰.回采巷道围岩活动规律及其控制[D].徐州:中国矿业大学,1988.

[103]马念杰,侯朝炯.采准巷道矿压理论及应用[M].北京:煤炭工业出版社,1994.

[104]赵志强.大变形回采巷道围岩变形破坏机理与控制方法研究[D].北京:中国矿业大学(北京),2014.

[105]马念杰,李季,赵志强.圆形巷道围岩偏应力场及塑性区分布规律研究[J].中国矿业大学学报,2015,44(2):206-213.

[106]马念杰,赵希栋,赵志强,等.深部采动巷道顶板稳定性分析与控制[J].煤炭学报,2015,40(10):2287-2291.

[107]郭晓菲,马念杰,赵希栋,等.圆形巷道围岩塑性区的一般形态及其判定准则[J].煤炭学报,2016,41(8):1871-1877.

[108]马念杰,李季,赵希栋,等.深部煤与瓦斯共采中的优质瓦斯通道及其构建方法[J].煤炭学报,2015,40(4):742-748.

[109] 马念杰,郭晓菲,赵希栋,等.煤与瓦斯共采钻孔增透半径理论分析与应用[J].煤炭学报,2016,41(1):120-124.

[110] 马念杰,冯吉成,吕坤,等.煤巷冒顶成因分类方法及其支护对策研究[J].煤炭科学技术,2016,43(6):34-38.

[111] 马念杰,郭晓菲,赵志强,等.均质圆形巷道蝶型冲击地压发生机理及其判定准则[J].煤炭学报,2016,41(11):2679-2688.

[112] 刘洪涛,镐振,吴祥业,等.塑性区瞬时恶性扩张诱发冲击灾害机理[J].煤炭学报,2017,42(6):1392-1399.

[113] 赵志强,马念杰,郭晓菲,等.煤层巷道蝶型冲击地压发生机理猜想[J].煤炭学报,2016,41(11):2689-2697.

[114] 马念杰,赵希栋,赵志强,等.掘进巷道蝶型煤与瓦斯突出机理猜想[J].矿业科学学报,2017,2(2):137-149.

[115] 赵希栋.掘进巷道蝶型煤与瓦斯突出启动的力学机理研究[D].北京:中国矿业大学(北京),2017.

[116] 李永恩,郭晓菲,马骥,等.邢东矿深部回采巷道围岩塑性区"蝶形"扩展特征及稳定性控制[J].矿业科学学报,2017,2(6):566-575.

[117] 郭建强.基于弹性应变能盐岩屈服准则及其工程应用研究[D].重庆:重庆大学,2014.

[118] 魏建军.考虑剪胀和软化的巷道围岩弹塑性分析[J].土木建筑与环境工程,2013,35(3):7-11.

[119] 郭延华,姜福兴,张常光.高地应力下圆形巷道临界冲击地压解析解[J].工程力学,2011,28(2):118-122.

[120] LI Y,CAO S G,FANTUZZI N,et al. Elasto-plastic analysis of a circular borehole in elastic-strain softening coal seams[J]. International Journal of Rock Mechanics and Mining Sciences, 2015, 80:316-324.

[121] YANG J H,JIANG Q H,ZHANG Q B, et al. Dynamic stress adjustment and rock damage during blasting excavation in a deep-buried circular tunnel[J]. Tunnelling and Underground Space Technology, 2018,71:591-604.

[122] 陈立伟,彭建兵,范文,等.基于统一强度理论的非均匀应力场圆形巷道围岩塑性区分析[J].煤炭学报,2007,32(1):20-23.

[123] 潘俊峰.半孤岛面全煤巷道底板冲击启动原理分析[J].煤炭学报,

2011,36(S2):332-338.

[124]张鹏海.基于声发射时序特征的岩石破裂前兆规律研究[D].沈阳:东北大学,2015.

[125]张茹,谢和平,刘建锋,等.单轴多级加载岩石破坏声发射特性试验研究[J].岩石力学与工程学报,2006,25(12):2584-2588.

[126]纪洪广,卢翔.常规三轴压缩下花岗岩声发射特征及其主破裂前兆信息研究[J].岩石力学与工程学报,2015,34(4):694-702.

[127]来兴平,吕兆海,张勇,等.不同加载模式下煤样损伤与变形声发射特征对比分析[J].岩石力学与工程学报,2008(S2):3521-3527.

[128]文光才,杨慧明,邹银辉.含瓦斯煤体声发射应力波传播规律理论研究[J].煤炭学报,2008(3):295-298.

[129]赵毅鑫,姜耀东,祝捷,等.煤岩组合体变形破坏前兆信息的试验研究[J].岩石力学与工程学报,2008(2):339-346.

[130]谢和平.岩石混凝土损伤力学[M].徐州:中国矿业大学出版社,1990.

[131]DROUILLARD T F. A History of Acoustic Emission[J]. Journal of Acoustic Emission, 1996,14(1):33-39.

[132]Potery. The New Encyclopedia Britannica, fifteenth edition[J]. IL:Encyclopedia Britannica, 1984,14(3):12-18.

[133]秦四清,李造鼎,张倬元,等.岩石声发射技术概论[M].成都:西南交通大学出版社,1993.

[134]纪洪广.混凝土材料声发射性能研究与应用[M].北京:煤炭工业出版社,2004.

[135]薛亚东,高德利.声发射地应力测量中凯塞点的确定[J].石油大学学报(自然科学版),2000(5):1-3,9.

[136]刘峥,巫虹.岩石 Kaiser 效应测地应力原理中的若干问题研究[J].上海地质,2004(3):38-41,56.

[137]JOSEPH K. An Investigation into the Occurrence of Noise in Tensile Test or a Study of Acoustic Phenomena in Tensile Test[M]. Technische Hochschule Munchen, 1950.

[138]DROUILLARD T. Acoustic Emission:A Bibliography with Abstract[M]. Frances Laner, ed. New York:1FI Plenum Data Company,1979.

[139]DUNCAN H L. Acoustic Emission:A Promising Technique[M]. UCID-

4643. Livemore, CA: Lawrence Radiation Laboratory, 1963.

[140] Philadelphia. Standard Definition of Terms Relating to Acoustic Emission[J]. E610, PA. American Society for Testing Materials, 1982,24 (6):23-31.

[141] PAO Y H. Transient AE Waves in Elastic Plates[M]. Progress in Acousti-cEmission Symposium, 1982.

[142] PROCTOR T M,BRECKENRIDGE F R,PAO Y H. Transient Waves in an Elastic Plates: Theory and Experiment Compared[J]. Journal of the Acoustical Society of America, 1983, 74(6):56-63.

[143] HEUZE F E. Physical and thermal properties of granitic rocks[J]. High-temperature mechanical, A review. Int. J. Rock Mechanics. Min. Sci. And Geomech. Abstr. , 1983,20:3-10.

[144] Grabec, Sachse. Application of an Intelligent Signal Processing System to AE Analysis[J]. Journal of Acoustical Society, 1989, 85(3):256-262.

[145] BARGA R S, FRIESEL M A, MELTON R B. Classification of acoustic e-mission waves form for nondestructive evaluation using neural network[J]. Applications of Artificial Neural Networks, Proc. SPIE, 1990,Vol.1294.

[146] 尹贤刚,李庶林,唐海燕. 岩石破坏声发射强度分形特征研究[J]. 岩石力学与工程学报,2005(19):114-118.

[147] 万志军,李学华,刘长友. 加载速率对岩石声发射活动的影响[J]. 辽宁工程技术大学学报(自然科学版),2001(4):469-471.

[148] 于洪仕,付兴武. 煤与瓦斯突出声发射的神经网络预测方法[J]. 黑龙江科技学院学报,2006(2):71-73,81.

[149] 朱世阳,郭佐宁,黄永安,等. 基于声发射的坚硬煤断裂韧度测试与应用[J]. 煤矿安全,2011,42(6):110-112.

[150] 李玉寿,杨永杰,杨圣奇,等. 三轴及孔隙水作用下煤的变形和声发射特性[J]. 北京科技大学学报,2011,33(6):658-663.

[151] 刘向峰,汪有刚. 声发射能量累积与煤岩损伤演化关系初探[J]. 辽宁工程技术大学学报(自然科学版),2011,30(1):1-4.

[152] 赵洪宝,尹光志. 含瓦斯煤声发射特性试验及损伤方程研究[J]. 岩土力学,2011,32(3):667-671.

[153] 宁超,余锋,景丽岗. 单轴压缩条件下冲击煤岩声发射特性实验研

究[J].煤矿开采,2011,16(1):97-100.

[154]赵洪宝,杨胜利,仲淑姮.突出煤样声发射特性及发射源试验研究[J].采矿与安全工程学报,2010,27(04):543-547.

[155]李庶林,尹贤刚,王泳嘉,等.单轴受压岩石破坏全过程声发射特征研究[J].岩石力学与工程学报,2004(15):2499-2503.

[156]梁忠雨.基于声发射技术的采场顶板破断行为试验研究[D].徐州:中国矿业大学,2015.

[157]付小敏.典型岩石单轴压缩变形及声发射特性试验研究[J].成都理工大学学报(自然科学版),2005(01):17-21.

[158]王颖轶,张宏君,黄醒春,等.高温作用下大理岩应力-应变全过程的试验研究[J].岩石力学与工程学报,2002(S2):2345-2349.

[159]杜守继,刘华,职洪涛,等.高温后花岗岩力学性能的试验研究[J].岩石力学与工程学报,2004(14):2359-2364.

[160]赵阳升,万志军,张渊,等.岩石热破裂与渗透性相关规律的试验研究[J].岩石力学与工程学报,2010,29(10):1970-1976.

[161]王德咏,吴刚,葛修润.高温作用后石灰岩受压破裂过程的声发射试验研究[J].上海交通大学学报,2011,45(5):743-748.

[162]张渊,万志军,康建荣,等.温度、三轴应力条件下砂岩渗透率阶段特征分析[J].岩土力学,2011,32(3):677-683.

[163]张志镇,高峰,徐小丽.花岗岩单轴压缩的声发射特征及热力耦合模型[J].地下空间与工程学报,2010,6(1):70-74.

[164]徐小丽,高峰,季明.温度作用下花岗岩断裂行为损伤力学分析[J].武汉理工大学学报,2010,32(1):143-147,165.

[165]武晋文,赵阳升,万志军,等.中高温三轴应力下鲁灰花岗岩热破裂声发射特征的试验研究[J].岩土力学,2009,30(11):3331-3336.

[166]徐小丽,高峰,钟卫平,等.温度作用下花岗岩力学性质实验研究[J].西安科技大学学报,2008,28(04):651-656.

[167]张渊,曲方,赵阳升.岩石热破裂的声发射现象[J].岩土工程学报,2006(1):73-75.

[168]武玉梁,杨馥合,曾森茂.煤与瓦斯突出损伤动力演化机理[J].西安科技大学学报,2011,31(6):719-723.

[169]许江,彭守建,尹光志,等.含瓦斯煤岩细观剪切试验装置的研制及应

用[J].岩石力学与工程学报,2011,30(4):677-685.

[170]张艳博,杨震,姚旭龙,等.花岗岩巷道岩爆声发射信号及破裂特征实验研究[J].煤炭学报,2018,43(1):95-104.

[171]王笑然,王恩元,刘晓斐,等.裂隙砂岩裂纹扩展声发射响应及速率效应研究[J].岩石力学与工程学报,2018,37(16):1446-1458.

[172]刘飞跃,杨天鸿,张鹏海.基于声发射的岩石破裂应力场动态反演[J].岩土力学,2018,39(4):1517-1524.

[173]严国超,段春生,马忠辉.声发射技术在蹬空开采采场关键层中的应用[J].辽宁工程技术大学学报(自然科学版),2010,29(1):9-12.

[174]沙鹏,伍法权,常金源.大理岩真三轴卸载强度特征与破坏力学模式[J].岩石力学与工程学报,2018,37(9):2084-2092.

[175]何满潮,谢和平,彭苏萍,等.深部开采岩体力学研究[J].岩石力学与工程学报,2005(16):2803-2813.

[176]唐书恒,颜志丰,朱宝存,等.饱和含水煤岩单轴压缩条件下的声发射特征[J].煤炭学报,2010,35(1):37-41.

[177]曹树刚,刘延保,李勇,等.煤岩固-气耦合细观力学试验装置的研制[J].岩石力学与工程学报,2009,28(8):1681-1690.

[178]曹树刚,刘延保,张立强,等.突出煤体单轴压缩和蠕变状态下的声发射对比试验[J].煤炭学报,2007(12):1264-1268.

[179]曹树刚,刘延保,张立强.突出煤体变形破坏声发射特征的综合分析[J].岩石力学与工程学报,2007(S1):2794-2799.

[180]赵毅鑫,姜耀东,韩志茹.冲击倾向性煤体破坏过程声热效应的试验研究[J].岩石力学与工程学报,2007(05):965-971.

[181]左建平,裴建良,刘建锋,等.煤岩体破裂过程中声发射行为及时空演化机制[J].岩石力学与工程学报,2011,30(8):1564-1570.

[182]来兴平,张勇,奚家米,等.基于AE的煤岩破裂与动态失稳特征实验及综合分析[J].西安科技大学学报,2006(3):289-292,305.

[183]窦林名,田京城,陆菜平,等.组合煤岩冲击破坏电磁辐射规律研究[J].岩石力学与工程学报,2005(19):143-146.

[184]邹银辉,赵旭生,刘胜.声发射连续预测煤与瓦斯突出技术研究[J].煤炭科学技术,2005(06):61-65.

[185]秦四清,王思敬.煤柱-顶板系统协同作用的脆性失稳与非线性演化机

制[J].工程地质学报,2005(4):437-446.

[186]陈霞,肖迎春.含冲击损伤复合材料层压板压缩破坏机制的声发射特性研究[J].实验力学,2013,28(02):187-192.

[187]张东明,白鑫,尹光志,等.含层理岩石单轴损伤破坏声发射参数及能量耗散规律[J].煤炭学报,2018,43(3):646-656.

[188]蔡美峰,孔留安,李长洪,等.玲珑金矿主运巷塌陷治理区稳定性动态综合监测与评价[J].岩石力学与工程学报,2007(5):886-894.

[189]万国香,王其胜,李夕兵.应力波作用下岩石声发射实验研究[J].振动与冲击,2011,30(1):116-120.

[190]潘鹏志,周辉,冯夏庭.加载条件对不同尺寸岩石单轴压缩破裂过程的影响研究[J].岩石力学与工程学报,2008(S2):3636-3642.

[191]宿辉,李长洪.不同围压条件下花岗岩压缩破坏声发射特征细观数值模拟[J].北京科技大学学报,2011,33(11):1312-1318.

[192]刘建坡,李元辉,杨宇江.基于声发射监测循环载荷下岩石损伤过程[J].东北大学学报(自然科学版),2011,32(10):1476-1479.

[193]邵冬亮,李术才,李明田,等.单轴压缩条件下不同裂纹制作方式的裂纹破坏分析及其声发射特征研究[J].山东大学学报(工学版),2011,41(3):131-136.

[194]薛云亮,李庶林,林峰,等.类岩石材料声发射参数与应力和应变耦合本构关系[J].北京科技大学学报,2011,33(6):664-670.

[195]凌同华,廖艳程,张胜.冲击荷载下岩石声发射信号能量特征的小波包分析[J].振动与冲击,2010,29(10):127-130,255.

[196]姜永东,鲜学福,尹光志,等.岩石应力应变全过程的声发射及分形与混沌特征[J].岩土力学,2010,31(8):2413-2418.

[197]周小平,刘庆义.岩石声发射混沌特征分析[J].岩土力学,2010,31(3):815-820.

[198]苗金丽,何满潮,李德建,等.花岗岩应变岩爆声发射特征及微观断裂机制[J].岩石力学与工程学报,2009,28(8):1593-1603.

[199]赵奎,金解放,王晓军,等.岩石声速与其损伤及声发射关系研究[J].岩土力学,2007(10):2105-2109,2114.

[200]王述红,张亚兵,张楠,等.各向异性岩体破坏过程声发射测量及其定位实验研究[J].东北大学学报(自然科学版),2007(7):1033-1036.

[201] 韩放,纪洪广,张伟. 单轴加卸荷过程中岩石声学特性及其与损伤因子关系[J]. 北京科技大学学报,2007(5):452-455.

[202] 赵兴东,李元辉,袁瑞甫,等. 基于声发射定位的岩石裂纹动态演化过程研究[J]. 岩石力学与工程学报,2007(5):944-950.

[203] 姜长泓,王龙山,尤文,等. 基于平移不变小波的声发射信号去噪研究[J]. 仪器仪表学报,2006(6):607-610.

[204] 姚天任,孙洪. 现代数字信号处理[M]. 武汉:华中理工大学出版社,1999.

[205] 李夕兵,刘志祥. 岩体声发射混沌与智能辨识研究[J]. 岩石力学与工程学报, 2005(8):1296-1300.

[206] 蒋宇,葛修润,任建喜. 岩石疲劳破坏过程中的变形规律及声发射特性[J]. 岩石力学与工程学报,2004(11):1810-1814.

[207] 纪洪广. 混凝土材料声发射性能研究与应用[M]. 北京:煤炭工业出版社, 2004.

[208] 杨明纬. 声发射检测[M]. 北京:机械工业出版社,2004.

[209] 姜永东,鲜学福,许江. 岩石声发射 Kaiser 效应应用于地应力测试的研究[J]. 岩土力学,2005(6):946-950.

[210] 张鹏海. 基于声发射时序特征的岩石破裂前兆规律研究[D]. 沈阳:东北大学,2015.

[211] 张晖辉,颜玉定,余怀忠,等. 循环载荷下大试件岩石破坏声发射实验:岩体破坏前兆的研究[J]. 岩石力学与工程学报,2004,23(21):3621-3628.

[212] 王金安,焦申华,谢广祥. 综放工作面开采速率对围岩应力环境影响的研究[J]. 岩石力学与工程学报,2006,25(6):1118-1124.

[213] 刘金海,孙浩,田昭军,等. 煤矿冲击地压的推采速度效应及其动态调控[J]. 煤炭学报,2018,43(7):1858-1865.

[214] 谢广祥,常聚才,华心祝. 开采速度对综放面围岩力学特征影响研究[J]. 岩土工程学报,2007,29(7):963-967.

[215] 陆菜平,窦林名,曹安业,等. 深部高应力集中区域矿震活动规律研究[J]. 岩石力学与工程学报,2008,27(11):2302-2308.

[216] 黄琪嵩,程久龙. 层状底板采动应力场的解析计算模型研究[J]. 矿业科学学报,2017,2(6):559-565.

[217]李季.深部窄煤柱巷道非均匀变形破坏机理及冒顶控制[D].中国矿业大学(北京),2016.

[218]徐文全.采动空间围岩应力监测技术及应用研究[D].徐州:中国矿业大学,2012.

[219]李宝富.巨厚砾岩层下回采巷道底板冲击地压诱发机理研究[D].焦作:河南理工大学,2014.

[220]轩大洋,许家林,冯建超,等.巨厚火成岩下采动应力演化规律与致灾机理[J].煤炭学报, 2011,36(8):1252-1257.

[221]李春意,崔希民,胡青峰.常村矿巨厚砾岩下特厚煤层开采对地表形变的影响分析[J].采矿与安全工程学报, 2015,32(4):628-633.

[222]靳钟铭.放顶煤开采理论与技术[M].北京:煤炭工业出版社,2001.

[223]钱鸣高,石平五.矿山压力与岩层控制[M].徐州:中国矿业大学出版社,2003.

[224]赵洪亮,何富连,臧传伟.等.综放采场矿压显现规律实测研究[J].矿山压力与顶板管理,2002,2:69-70,76.

[225]姜福兴.放顶煤采场的顶板结构形式与支架围岩关系探讨[J].世界煤炭技术,1994,12:32-36.

[226]潘俊峰.冲击危险性厚煤层采动应力场特征研究[D].北京:煤科总院北京开采所,2006.

[227]谢广祥.综放面及其巷道围岩三维力学场特征研究[D].徐州:中国矿业大学,2004.

[228]陈忠辉,谢和平.综放采场支承压力分布的损伤力学分析[J].岩石力学与工程学报,2000,19(4):436-439.

[229]陈忠辉,谢和平,王家臣.综放开采顶煤三维变形、破坏的数值分析[J].岩石力学与工程学报,2002,21(3):309-313.

[230]吕梦蛟,李先章,李玉申.三软厚煤层综采工作面采动应力分布规律研究[J].煤炭科学技术, 2011,39(7):21-24.

[231]谢广祥,杨科,常聚才.煤柱宽度对综放面围岩应力分布规律影响[J].北京科技大学学报,2006,28(11):1005-1013.

[232]阎吉太,梁广锋,安满林,等."孤岛"综采放顶煤工作面矿压预测预报[J].中国矿业大学报,1996,25(4):98-103.

[233]秦忠诚,王同旭.深井孤岛综放面支承压力分布及其在底板中的传递

规律[J].岩石力学与工程学报,2004,23(7):1127-1131.

[234]刘长友,黄炳香,孟祥军,等.超长孤岛综放工作面支承压力分布规律研究[J].岩石力学与工程学报,2007,26(1):2761-2766.

[235]黄炳香,刘长友,程庆迎,等.超长孤岛综放工作面煤柱支承压力分布特征研究[J].岩土工程学报,2007,29(6),932-937.

[236]曹胜根,缪协兴.超长综放工作面采场矿山压力控制[J].煤炭学报,2001,26(6):621-625.

[237]薛熠.采动影响下损伤破裂煤岩体渗透性演化规律研究[D].徐州:中国矿业大学,2017.

[238]谢和平,周宏伟,刘建锋,等.不同开采条件下采动力学行为研究[J].煤炭学报,2011,36(7):1067-1074.

[239]张学会,阚磊.推进速度对综放开采矿压显现影响的实测研究[J].煤炭技术,2011,30(11):93-94

[240]陈通.综采工作面推进速度与周期来压步距关系分析[J].煤矿开采,1999,34(1):33-35.

[241]李德海,高木福.开采速度与地表移动变形的关系探讨[J].煤炭科学技术,1996,24(6):52-59.

[242]王磊,谢广祥.综采面推进速度对煤岩动力灾害的影响研究[J].中国矿业大学学报,2010,39(1):70-74.

[243]杨胜利,王兆会,蒋威,等.高强度开采工作面煤岩灾变的推进速度效应分析[J].煤炭学报,2016,41(3):586-594.

[244]徐永圻.煤矿开采学[M].徐州:中国矿业大学出版社,2004.

[245]许胜铭,李松营,李德翔,等.义马煤田冲击地压发生的地质规律[J].煤炭学报,2015,40(9):2015-2020.

[246]李宝富,李小军,任永康.采场上覆巨厚砾岩层运动对冲击地压诱因的实验与理论研究[J].煤炭学报,2014,39(S1):31-37.

[247]徐芝纶.弹性力学简明教程[M].4版.北京:高等教育出版社,2013.

[248]张学言,闫澍旺.岩土塑性力学基础[M].天津:天津大学出版社,2006.

[249]康红普.煤矿井下应力场类型及相互作用分析[J].煤炭学报,2008,3(12):1329-1335.

[250]郭金刚,王伟光,杨增强,等.工作面端头L形区煤柱体诱发冲击机理

及防治研究[J].矿业科学学报,2017,2(1):49-57.

[251]章梦涛.冲击地压失稳理论与数值模拟计算[J].岩石力学与工程学报,1987,6(3):197-204.

[252]杨桂通.弹塑性力学引论[M].北京:清华大学出版社,2013.

[253]高明仕,窦林名,严如令,等.冲击煤层巷道锚网支护防冲机理及抗冲震级初算[J].采矿与安全工程学报,2009,26(4):402-406.

[254]刘军,欧阳振华,齐庆新,等.深部冲击地压矿井刚柔一体化吸能支护技术[J].煤炭科学技术,2013,41(6):17-20.

[255]黄广伟,姜福兴,翟明华,等.煤层超高压定点水力压裂防冲工艺研究[J].煤矿安全,2015,46(7):13-16.

[256]姜福兴,王博,翟明华,等.煤层超高压定点水力压裂防冲试验研究[J].岩土工程学报,2015,37(3):526-531.